本书的出版得到2022年度广西职业教育教学改革研究项目"乡村振兴背景下高职建筑设计类人才'产教研创'一体化培养研究与实践"（项目编号：GXGZJG2022A033）的资助

乡村振兴背景下
高职院校建筑设计类专业产教研创融合的研究与实践

段平艳 苏文良 朱金海 / 著

辽宁大学出版社 沈阳

图书在版编目（CIP）数据

乡村振兴背景下高职院校建筑设计类专业产教研创融合的研究与实践/段平艳，苏文良，朱金海著. --沈阳：辽宁大学出版社，2025. 6. --ISBN 978-7-5698-2142-0

Ⅰ.TU2

中国国家版本馆CIP数据核字第2025TQ0923号

乡村振兴背景下高职院校建筑设计类专业产教研创融合的研究与实践
XIANGCUN ZHENXING BEIJING XIA GAOZHI YUANXIAO JIANZHU SHEJI LEI ZHUANYE CHANJIAOYANCHUANG RONGHE DE YANJIU YU SHIJIAN

出 版 者：	辽宁大学出版社有限责任公司
	（地址：沈阳市皇姑区崇山中路66号　邮政编码：110036）
印 刷 者：	鞍山新民进电脑印刷有限公司
发 行 者：	辽宁大学出版社有限责任公司
幅面尺寸：	170mm×240mm
印　　张：	16
字　　数：	215千字
出版时间：	2025年6月第1版
印刷时间：	2025年6月第1次印刷
责任编辑：	李天泽
封面设计：	徐澄玥
责任校对：	刘　丹

书　　号：ISBN 978-7-5698-2142-0

定　　价：78.00元

联系电话：024-86864613
邮购热线：024-86830665
网　　址：http://press.lnu.edu.cn

前　言

随着乡村振兴战略的全面实施，高职院校建筑设计类专业人才培养也承担着服务乡村振兴的使命。然而，当前高职院校的建筑设计类专业人才培养与乡村振兴的发展需求之间存在一定程度上的脱节，如专业教学与乡村地域特色文化产业的发展、教师的科研成果转化和应用、创新创业教育之间存在相互分离的问题，培养出来的人才与乡村振兴的实际需求仍然存在着一定的差距。因此，本书基于以上背景，以产教研创融合的路径来探究服务乡村振兴的高职院校建筑设计类专业人才培养方式，形成"以研促教、以研促产、以研促创、以创促产、以产促教"的人才培养路径，以提高人才培养质量，助力乡村振兴发展。

本书首先分析了高职院校建筑设计类专业在乡村振兴中的作用，以及其发展现状及挑战，并依据乡村人才振兴战略理念、威斯康星思想等，分析了乡村振兴视角下高职院校建筑设计类专业面临的主要问题。其次，针对这些问题，探究了乡村振兴背景下高职院校建筑设计类专业人才产教研创融合的培养路径。最后，结合个案研究法，以广西现代职业技术学院建筑设计类专业人才培养为例，进行了教学改革实践，并总结和归纳产教研创融合培养实践路径的可行性，为乡村振兴战略全面实施背景下建筑设计类人才培养提供理论和实践借鉴。

本书的创新之处，一是结合乡村振兴的发展需求，探究了专业教学与教师科研、乡村振兴建筑文化产业、创新创业教育一体化的课程教学。如探究了教师科研成果融入高职院校建筑设计类专业的教学、融合乡村振兴建筑设计项目的实践教学、开展具有乡村文化特色的专业课程教学、创新创业教育融入建筑设计类专业的教学，以此来培养乡村建筑设计人才，推动乡村建筑文化产业链与人才教育链协同发展。二是优化乡村振兴背景下高职院校建筑设计类专业的教学方法和手段，采取项目案例与教研互动的教学方法，并在乡村振兴背景下建筑设计类专业教学中运用数字技术，以提高专业教学质量。三是针对专业人才培养师资队伍结构单一，力量薄弱等问题，组建了高职院校建筑设计类专业产教研创融合的师资团队。例如，培育熟悉地方乡村建筑文化的传承型教师；引入具备建筑设计实践经验的行业企业设计师；组建乡村振兴建筑设计科研型专业教师团队；引进具有创新创业教育丰富经验的建筑设计类专业师资，以此形成一支"能研、会产、善教、懂创"的一体化师资团队，以培养服务乡村建筑文化传承与创新创业人才，推动美丽乡村建设。四是构建乡村振兴背景下的建筑设计类专业产教研创融合平台。五是优化乡村振兴背景下产教研创融合的评价与反馈机制，构建学校、企业和乡村多方联动的教学评价主体，以提升能够满足乡村振兴发展需求的人才培养质量，为高职院校建筑设计类专业服务乡村振兴的人才培养提供借鉴。

本书的研究成果不仅有助于解决当前高职院校建筑设计类专业人才培养中存在的问题，而且对促进乡村振兴的发展有重要的意义。希望本研究的成果，能够为乡村振兴建筑设计类专业人才的培养提供借鉴和参考。

本书为2022年度广西职业教育教学改革研究项目"乡村振兴背景下高职建筑设计类人才'产教研创'一体化培养研究与

实践"（项目编号：GXGZJG2022A033）的研究成果。本书由广西现代职业技术学院段平艳、苏文良、朱金海共同撰写。段平艳负责选题、内容框架拟定、章节内容与目录划分及内容安排，并撰写前言及第四章、第五章、第七章和第九章的内容，约13.3万字；苏文良撰写第三章、第六章和第八章内容，约3.9万字；朱金海撰写第一章和第二章内容，约3万字。

另外，在本书的策划与撰写过程中，笔者曾参阅了国内外大量文献和资料，从中得到了启示，在此对作者表示诚挚的谢意。

尽管本书在撰写过程中力求严谨，但由于作者水平有限，可能仍然存在不足之处。敬请广大读者批评指正，以便今后进一步完善提高。

最后，希望本书的出版能够为高职院校建筑设计类专业的人才培养提供新思路，为乡村建筑设计类人才的培养贡献一份力量。

广西现代职业技术学院　段平艳
广西现代职业技术学院　苏文良
广西现代职业技术学院　朱金海
2025年3月

目 录

第一章 乡村振兴与高职院校建筑设计类专业 ······ 1

第一节 高职院校建筑设计类专业与乡村振兴战略 ······ 1
 一、建筑设计类专业助力乡村振兴 ······ 1
 二、建筑设计类专业促进乡村振兴战略目标的实现 ······ 3

第二节 高职院校建筑设计类专业在乡村振兴中的作用 ······ 5
 一、促进乡村建筑文化产业发展 ······ 5
 二、培养乡村建筑文化传承与设计人才 ······ 8
 三、实现地域特色乡村建筑设计人才供给侧结构性改革 ······ 10

第三节 建筑设计类专业与乡村振兴的契合点 ······ 14
 一、紧贴产业发展需求 ······ 14
 二、实现人才培养目标 ······ 16
 三、实现资源优势互补 ······ 17
 四、优化专业设置 ······ 18

第二章 高职院校建筑设计类专业现状与趋势分析 ······ 20

第一节 高职院校建筑设计类专业的发展现状及面临的挑战 ······ 20
 一、高职院校建筑设计类专业的发展现状 ······ 20
 二、高职院校建筑设计类专业面临的挑战 ······ 22

第二节　乡村振兴对高职院校建筑设计类专业的新要求

　　　　　及专业发展趋势 …………………………………… 28

　　一、乡村振兴对高职院校建筑设计类专业的新要求 ………… 28

　　二、乡村振兴背景下高职院校建筑设计类专业的发展趋势 … 32

第三章　产教研创融合的理论与实践剖析 ………………………… 38

　第一节　产教研创融合的概念与内涵 ………………………… 38

　　一、产教研创融合的概念解析 ………………………………… 38

　　二、产教研创融合的核心要素 ………………………………… 43

　　三、产教研创融合的发展历程与现状 ………………………… 48

　第二节　产教研创融合的理论基础 …………………………… 53

　　一、协同创新理论 ……………………………………………… 53

　　二、威斯康星思想 ……………………………………………… 54

　　三、陶行知教育理论 …………………………………………… 55

　　四、三螺旋理论 ………………………………………………… 56

　　五、三重螺旋模型理论 ………………………………………… 57

　第三节　产教研创融合实践剖析 ……………………………… 58

　　一、行业产教研创融合深度实践 ……………………………… 58

　　二、企业与高职院校产教研创融合 …………………………… 61

　　三、产教研创融合在职业教育中的应用 ……………………… 62

　　四、产教研创融合在建筑设计类领域中的应用与实践 ……… 64

第四章　乡村振兴背景下高职院校建筑设计类专业产教研创

　　　　融合模式创新 …………………………………………… 67

　第一节　乡村振兴背景下建筑设计类专业产教研创融合的意义 …… 67

　　一、提升专业教育质量与乡村振兴需求的契合度 …………… 67

二、培养乡村建筑设计人才，推动乡村建筑创新

　　　　及可持续发展 ·· 68

　　三、加强校企合作与资源优化配置 ······························ 68

　　四、促进地域文化特色与乡村建筑设计的融合 ··············· 69

　　五、加强科研创新能力及其应用转化 ··························· 70

　　六、增强学生创新创业能力 ······································· 70

第二节　乡村振兴视角下高职院校建筑设计类专业面临的

　　　　主要问题 ·· 71

　　一、建筑设计类专业与乡村振兴发展需求的矛盾 ············ 71

　　二、乡村振兴的师资力量不足 ···································· 72

　　三、专业教育与乡村振兴需求的脱节 ··························· 74

　　四、教师科研与建筑设计实践、乡村产业振兴的脱节问题 ··· 75

　　五、产教研创融合的实训基地建设有待加强 ·················· 76

第三节　乡村振兴背景下高职院校建筑设计类专业产教研创

　　　　融合模式的创新 ·· 78

　　一、产教融合模式的创新构建 ···································· 78

　　二、产研融合模式的创新构建 ···································· 83

　　三、专创融合模式的创新构建 ···································· 86

　　四、产教研创融合模式的创新构建 ······························ 90

第五章　乡村振兴背景下高职院校建筑设计类专业产教研创

　　　　融合路径探索 ·· 95

第一节　乡村振兴背景下产教研创融合的课程体系构建与

　　　　教学内容创新 ··· 95

　　一、构建乡村建筑设计类专业产教研创导向的特色课程体系 ··· 95

　　二、乡村振兴背景下建筑设计类专业教学内容创新 ········· 99

第二节　乡村振兴背景下产教研创融合的教学方法和手段改革 … 109

一、教学方法改革：乡村振兴背景下建筑设计类专业教学策略 ……………………………………………………………… 109

二、教学手段创新：数字化技术在乡村振兴背景下建筑设计教学中的应用 ………………………………………………… 112

第三节　乡村振兴背景下的建筑设计类专业产教研创融合师资团队打造 ……………………………………………… 115

一、基于乡村振兴需求对建筑设计类专业师资队伍的新要求及其面临的现实挑战 …………………………………… 115

二、培育熟悉地方乡村建筑文化的传承型师资队伍 ………… 117

三、引入具备建筑设计实践经验的企业行业设计师 ………… 119

四、组建乡村振兴建筑设计科研型专业教师团队 …………… 120

五、引进具有创新创业教育经验的建筑设计类专业师资 …… 123

第四节　乡村振兴背景下建筑设计类专业产教研创融合平台构建 ……………………………………………………… 124

一、建设高职院校建筑设计类专业教学与乡村实践的对接平台 ……………………………………………………… 124

二、建设基于乡村振兴的建筑设计类专业产教研创融合平台 … 125

三、建立建筑设计类专业教育与乡村文化传承平台 ………… 127

四、打造建筑设计类专业师资队伍与乡村建筑产业的协同发展平台 ……………………………………………… 127

五、搭建建筑设计类专业创新创业实践平台 ………………… 128

六、创建跨学科科研合作平台 ………………………………… 129

第五节　乡村振兴背景下产教研创融合评价与反馈机制的优化 … 130

一、乡村振兴背景下高职院校建筑设计类专业评价机制的现状与问题分析 …………………………………………… 130

二、乡村振兴产教研创融合成效的评价机制构建 ……………… 132

第六章　乡村振兴背景下高职院校建筑设计类专业产教研创融合的改革实践
　　　　——以广西现代职业技术学院为例 ………………… 135

　第一节　乡村振兴建筑设计类专业教学内容与课程体系的优化 … 135
　　一、乡村振兴背景下建筑设计类专业教学内容的调整与更新 … 135
　　二、乡村振兴背景下课程体系的重构与整合 ………………… 140
　第二节　乡村振兴背景下建筑设计类专业教学方法与
　　　　　手段的创新 ……………………………………………… 142
　　一、教学方法的改革 …………………………………………… 142
　　二、立体化革新教学手段 ……………………………………… 143
　第三节　乡村振兴背景下建筑设计类专业教学评价与反馈
　　　　　机制的建立 ……………………………………………… 145
　　一、构建教学评价体系 ………………………………………… 145
　　二、完善教学反馈机制 ………………………………………… 146

第七章　乡村振兴背景下高职院校建筑设计类专业产教研创融合实践成效评估
　　　　——以广西现代职业技术学院为例 ………………… 148

　第一节　乡村振兴战略背景下建筑设计类专业人才培养
　　　　　质量评估 ………………………………………………… 148
　　一、评估指标体系构建 ………………………………………… 148
　　二、评估方法与过程 …………………………………………… 150
　　三、评估结果与分析 …………………………………………… 151
　第二节　乡村振兴背景下建筑设计类专业科研引领成效评估 …… 152

一、科研项目与成果 …………………………………………… 152
　　二、科研与教学的融合 ………………………………………… 153
　　三、科研引领实践成效 ………………………………………… 154
第三节　乡村振兴背景下建筑设计类专业校企合作成效评估 …… 155
　　一、校企合作模式分析 ………………………………………… 155
　　二、校企合作成效评价指标 …………………………………… 157
　　三、校企合作实践成效 ………………………………………… 161
第四节　乡村振兴背景下建筑设计类专业教学改革的成效评估 … 167
　　一、教学内容与方法改革 ……………………………………… 167
　　二、教学资源与平台建设 ……………………………………… 171
　　三、教学改革实践成效 ………………………………………… 177
第五节　乡村振兴建筑设计类专业创新创业成效评估 …………… 184
　　一、创新创业能力培养 ………………………………………… 184
　　二、创新创业项目与成果 ……………………………………… 191
　　三、创新创业实践成效 ………………………………………… 201
第六节　乡村振兴背景下建筑设计类专业产教研创融合的
　　　　成功实践经验与启示 …………………………………… 207
　　一、产教研创融合的成功实践经验 …………………………… 207
　　二、产教研创融合的启示 ……………………………………… 212

第八章　乡村振兴背景下高职院校建筑设计类专业产教研创融合面临的挑战与未来展望 …………………… 220

第一节　乡村振兴建筑设计类专业产教研创融合的人才培养
　　　　模式面临的挑战与对策 ………………………………… 220
　　一、优化人才培养模式 ………………………………………… 220
　　二、拓展与优化教学资源 ……………………………………… 221

三、完善产学研创合作机制 ……………………………………… 222
　第二节　乡村振兴建筑设计类专业产教研创融合的未来发展
　　　　　前景与趋势 ………………………………………………… 223
      一、建筑设计类专业在乡村振兴中的重要作用 ………………… 223
      二、建筑设计类专业在乡村社会可持续发展中的作用 ………… 224
      三、未来展望 ……………………………………………………… 224

第九章　结论与建议 …………………………………………………… 225

　第一节　研究结论 ……………………………………………………… 225
      一、建筑设计类专业在乡村振兴中的作用与成效 ……………… 225
      二、高职建筑设计类专业产教研创融合对人才培育的贡献 …… 226
      三、乡村振兴背景下建筑设计类专业产教研创融合的创新点 … 227
      四、乡村振兴背景下建筑设计类专业学生的实践能力评估 …… 229
　第二节　建议与实践启示 ……………………………………………… 229
      一、建议：优化建筑设计类专业教育与乡村振兴的对接机制 … 229
      二、实践启示：强化乡村建筑项目中的产教研创融合 ………… 231
      三、建议：提升建筑设计类专业师资的乡村实践教学能力 …… 232
      四、实践启示：构建基于乡村振兴产教研创融合导向的建筑
　　　　设计课程体系 …………………………………………………… 233
      五、建议：加大对乡村振兴项目中建筑设计人才的培养
　　　　投入力度 ………………………………………………………… 233
　第三节　研究局限与未来研究方向 …………………………………… 234
      一、研究局限：乡村振兴背景下建筑设计类专业人才培养
　　　　面临的现实挑战 ………………………………………………… 234
      二、未来研究方向：探索建筑设计教育在乡村振兴中的
　　　　新路径 …………………………………………………………… 236

三、研究局限：对乡村振兴背景下建筑设计类专业毕业生
　　发展跟踪不足 ··· 237

四、未来研究方向：乡村振兴战略对建筑设计类专业毕业生
　　职业发展的影响 ··· 238

参考文献 ·· 239

第一章 乡村振兴与高职院校建筑设计类专业

第一节 高职院校建筑设计类专业与乡村振兴战略

一、建筑设计类专业助力乡村振兴

（一）提升乡村整体发展水平

乡村振兴战略是党的十九大作出的重大决策部署，其深远意义体现在多个层面。实施乡村振兴战略对缩小城乡差距、促进区域协调发展、提高农民生活水平、促进农村社会和谐稳定具有深远影响。该战略不仅是推进农业供给侧结构性改革、加快农村现代化的必然要求，还有助于提升农村建筑业发展质量，增强农村竞争力。同时，它也能促进农村基础设施的建设和优化，通过加大对建筑、公共空间等方面的设计投入，显著改善农村地区的生活条件，提高农村居民的生活质量。

对于高职建筑设计类专业来说，乡村振兴战略为其提供了新的发展机遇和挑战。专业领域建设必须紧紧围绕乡村振兴的目标和要求，通过产教融合、校企合作等方式，培养适应新时代农村建设需要的高素质技术和高等技能型人才。此外，通过创新教学模式和课程体系，将乡村振兴理念融入职业教育，可以有效提升学生的实践能力和创新能力，为乡村建设提供理论和技术支持。

在乡村振兴背景下，高职院校建筑设计类专业通过产教研创融合的探索与应用，不仅标志着职业教育体系的一次重大革新，也为乡村全面发展提供了强劲支撑。这种方式将培养出众多既掌握专业理论知识，又拥有创新实践技能的建筑设计人才，他们将为乡村的规划布局、文化遗产保护、生态环境建设等方面提供必要的保障，进而全方位提升乡村的整体发展水平。

此外，在乡村振兴的背景下，高职院校建筑设计类专业的教研创融合探索与实践，不仅为学生提供了成长和发展的广阔舞台，也为乡村的全面振兴贡献了人才和智力支持。这种深层次融合的教育模式，有效地将教育资源转换成乡村建设的实际行动，为乡村的全面进步注入了新的生机与活力。实现专业与社会发展的深度融合。

（二）促进城乡融合发展

在乡村振兴的背景下，高职院校建筑设计类专业的教研创融合在推动城乡一体化发展中扮演着关键角色。本研究旨在探究如何利用高职院校建筑设计类专业的教育、科研、技术革新及创业实践，为乡村发展提供智力支持和专业技术服务，进而促进城乡融合发展。

一方面，高职院校建筑设计类专业的教育改革能够为乡村发展提供专业人才支撑。通过优化课程设计、教学内容和教学手段，将乡村建设、传承和弘扬中华优秀传统文化以及乡村振兴的相关议题纳入课程结构，可以夯实学生的专业理论知识和实操技能基础，促进他们在毕业后有效投身于乡村振兴战略的实践。另一方面，高职院校的师生通过参与乡村建设相关的科研项目，将研究成果转化为解决实际问题的技术和产品，从而推动乡村建设的技术提升和创新发展。此外，这类科研活动还有助于加强城乡互动，通过科技创新引领乡村产业转型升级，促进产业结构优化，实现乡村经济的持续增长。

技术革新是促进乡村产业增长的核心动力。利用高职院校建筑设计类专业的优势，积极参与乡村规划、传统建筑维护与改造、乡村环境美化等各项工程，不仅能有效解决乡村面临的实际问题，还能推动当地产业的转型与升级。通过这样的技术革新和产业进步，有助于缓解城乡发展不平衡，促进城乡经济的和谐均衡发展。

创业实践是激活乡村发展潜能的关键手段。高职院校可以激励并支持学生利用所学专业知识，开展与乡村振兴相关的创业项目，如乡村民宿经营、乡村旅游开发、乡村环境设计等。这些举措不仅为学生搭建了创新创业的平台，也为乡村带来了新的生机，促进了乡村经济的多元化持续发展。

二、建筑设计类专业促进乡村振兴战略目标的实现

（一）农业农村现代化

乡村振兴战略的目标是推动乡村全面振兴，实现农业农村现代化，促进农业持续健康发展，提高农民生活质量，促进城乡一体化发展。在这一战略的引领下，高职院校建筑设计类专业的教研创融合研究具有重要的现实意义和深远的影响。

在乡村振兴背景下，高职院校建筑设计类专业的产教研创活动在推动农业和农村的现代化方面扮演了关键角色。通过融合教学、科研以及创新创业的资源和力量，高职院校建筑设计类专业的产教研创活动能够为农业和农村的现代化输送专业技术人才和创新资源。在乡村振兴的大背景下，农业和农村的现代化不仅仅是传统农业生产手段的更新，还包括乡村建设、治理以及生活品质等多个方面的进步。对于建筑设计专业的学生而言，他们作为未来的技术专家，其技能的进步和职业素养的提升对于乡村建设和风貌的转变具有不可或缺的影响。

此外，建筑设计类专业产教研创用一体化的实施，可以有效地将理论和实践、科研和市场、教学与创新紧密结合。通过校企合作，将实际的企业项目引入教学，使学生能够在真实的工作场景中学习，并通过具

体操作解决实际问题。例如,在乡村建设过程中,如何将乡土文化特色和自然景观融入现代建筑设计中,这考验着建筑设计类专业学生的实践能力和创新思维能力。

高职院校建筑设计类专业的学生,通过教研创融合的培养模式,可以在理论知识水平与实践技能上得到全面提升。这种培养模式的实施,不仅有助于学生了解现代农业发展的需要,还能掌握将现代设计理念和技术应用到乡村建设中的方式,推动农业生产方式和生活方式的现代化。同时,这种做法也有助于学生了解乡村地区的文化和社会需求,促进其设计理念的乡土化和创新性,为乡村建设提供更为适合的设计方案。此外,高职院校建筑设计类专业通过教研创融合的研究,可以促进学术研究、技术研发、产品开发和创业实践的深度融合,形成创新链。这种融合有助于推动设计理念和技术的创新,为乡村现代化提供更多具有创新性的解决方案。

(二) 乡村产业兴旺

在乡村振兴背景下,高职院校建筑设计类专业的教研创融合研究与实践,对促进乡村产业的持续发展具有极其重要的意义。建筑设计类专业产教结合的教学模式能够有效地培育出满足乡村产业发展需求的专业人才。通过将理论与实际项目相结合的教学方式,不仅能够提升学生将专业知识应用于实践的能力,还能够激发他们的创新意识和创新能力,使他们能够为乡村产业发展提供创新的设计理念和实施策略,推动技术进步和产业升级。同时,高职院校建筑设计类专业的教育与科研工作为乡村产业提供了技术支持和智力保障。专业教师和研究人员通过研究,探索适合当地乡村产业可持续发展的模式和技术路径,将研究成果转化为具体应用,推动乡村产业发展。此外,高职院校建筑设计类专业的教育和创新活动有助于提升乡村产业的品牌价值和市场影响力。通过培养学生的品牌意识和营销策略思维,使他们能够为乡村产业的品牌塑造、市场定位和营销策略的制定提供有力支持,增强乡村产业的市场竞争力和可持续发展能力。

(三) 乡村生态宜居

生态宜居的乡村建设不仅关系到农村生态环境的保护与提升,也直接影响到农村居民的居住条件和生活品质。在乡村振兴背景下,高职院校建筑设计类专业为乡村生态宜居的建设发展发挥了重要作用。高职院校建筑设计类专业的学生通过掌握扎实的专业知识和技能对乡村地理、生态环境、民俗文化等领域有深入的了解,并以跨学科的综合能力,参与到实际的乡村建设项目中,如民居改造、乡村公共设施设计、传统村落保护与更新等,全方位地参与到乡村建设项目中来。在项目中,学生可以将所学的理论知识与专业技能相结合,运用创新和设计思维,提出符合乡村发展的设计方案。

第二节　高职院校建筑设计类专业在乡村振兴中的作用

一、促进乡村建筑文化产业发展

(一) 挖掘乡村建筑文化资源

在乡村振兴背景下,高职院校建筑设计类专业在教研创融合研究与实践过程中,深入发掘乡村建筑文化资产成为一条重要的发展路径。深入挖掘乡村建筑文化不仅能够丰富建筑设计类专业的课程内涵,还能提升学生的设计技巧和文化修养,培育出既有乡村情怀又具有创新精神与实践能力的复合型人才。

同时,在乡村振兴背景下,高职院校建筑设计类专业的教研创融合研究，对促进乡村建筑文化产业的发展具有重要意义。建筑设计类专业教学体现了对乡村建筑文化资源的探索，如乡村的建筑风格、建筑材料、建造技术和装饰细节等。而传统乡村建筑通常融合了当地的历史文化、民间风俗和自然生态，这些元素对于设计师来说是宝贵的创作素材。在教学中，通过将乡村建筑风格和装饰元素融入"景观设计""建筑设计"和"室内设计"等专业课程，学生可以在设计实践中直接应用这些元素，这不仅确保了设计作品的地域特色和传统风貌，同时也拓展了设计的文化深度。此外，建筑设计类人才的实践操作能力和创新思维对发掘乡村建筑文化资源起着重要的作用。例如，在执行"乡村景观改造"或"乡村庭院设计"等项目时，学生深入乡村进行现场勘察和文化研究，通过搜集和分析乡村传统建筑的资料，将这些文化资源转化为设计灵感。这种实际调研与设计实践相结合的教学方式，有助于设计出符合地域特色的设计作品。

（二）创新乡村建筑文化产业模式

在乡村振兴背景下，高职院校建筑设计类专业不仅要实现理论教学，还需要融入实践教学的需求，也需积极回应国家乡村振兴战略的号召，深入参与到乡村建设的多个层面。在此之中，重塑乡村建筑文化产业的模式成为一个关键的研究方向和实践活动领域。这不仅关系到乡村传统建筑的维护，也显著体现了高职教育在服务地方经济和文化建设方面的作用。

传统建筑不仅是区域历史和文化的物质载体，也是民族精神的体现，它记录了地区的过往，承载着文脉。在高职院校建筑设计类专业的教育过程中，注重传统建筑文化的继承与守护。通过精心设计的课程和教学内容，使学生深入认识和掌握本土的传统建筑风格、建造技术、装饰艺术等。此外，借助校企合作平台，将企业的项目与传统建筑文化的保护、利用和提升相结合，可以构建一套具有地方特色的传统建筑保护设计和实践体系。

在传统建筑保护的基础上,建筑设计类专业的学生能够将现代设计理念与传统文化元素相融合,设计出既保留传统风貌又满足现代功能需求的建筑作品。此外,可以通过高职教育提升学生设计的技能,将专业技能提升与乡村建筑文化产业发展紧密相连,构建适应乡村振兴需求的建筑文化产业的发展模式,推进以传统建筑文化为特点的规划和建设项目,促进乡村建筑文化产业持续健康发展。同时,加强与地方政府的沟通,争取为乡村建筑文化产业的长远发展提供方向和支持。高等职业院校的建筑设计类专业积极参与地方政府主导的乡村规划和建设项目,通过提供技术咨询服务、参与规划设计等手段,为乡村发展贡献专业力量。通过参与这些实际操作,建筑设计类专业能够不断吸纳新兴的设计思想和技术,在推动专业建设与进步的同时,也为地方实施乡村振兴战略贡献力量。

因此,在乡村振兴背景下,高职院校建筑设计类专业可以通过革新乡村建筑文化产业的模式,既保护与传承传统建筑文化,又借助现代设计理念,促进乡村建设的持续发展,发挥教育在社会服务中的作用。

(三)提升乡村建筑文化产业竞争力

当前,在乡村振兴的国家战略背景下,高职院校建筑设计类专业的教研创融合研究与实践,对于促进乡村建筑文化产业发展和提升其市场竞争力具有重要作用。

高职院校建筑设计类专业的教育资源、教育模式和技术优势,为乡村建筑文化产业的发展提供了强有力的支撑。通过实践和创新,学生可以为乡村建设提供设计方案、技术支持和管理咨询服务,这不仅是对乡村传统建筑文化的一种传承与创新,也是对乡村经济发展的有力推动。此外,高职院校建筑设计类专业学生在实践能力和创新精神方面具有独特优势,通过教研创融合的教育模式,学生可以在真实的农村建设项目中进行实习和实践，能够为乡村建筑文化产业注入新的活力。同时，学生通过参与乡村建设，可以将他们所学知识应用到实际问题中，这不仅有助于提高学生的就业能力，也为乡村建筑文化产业的可持续发展提供了智力支持。此外，建筑设计类专业的教研创融合，可以促进地方政府、企业和教育机构之间的合作。这种合作模式有助于整合资源，形成教学、研究、产业和应用相结合的良性循环，为乡村建筑文化产业的可持续发展提供动力。

高职院校建筑设计类专业的产教研创融合研究，不仅在乡村生态环境保护与绿色发展方面发挥重要作用，也为乡村振兴融入生态环境的保护和绿色发展的理念。通过应用绿色建筑材料和技术，设计节能、环保、生态的乡村建筑，可以有效减少能源消耗和环境污染，推动乡村的绿色发展和可持续发展。这些新的理念和方法有助于提升乡村建筑的文化价值和艺术价值，从而提升乡村的整体形象和竞争力。

二、培养乡村建筑文化传承与设计人才

（一）传承乡村建筑文化

乡村振兴背景下，高职院校建筑设计类专业肩负着传承乡村建筑文化的使命。在国家战略的指引下，该专业的人才培育应主动承担起传承乡村建筑文化的责任。乡村建筑不仅是物质实体，它更是当代历史传承、民俗文化和自然生态和谐共存的载体。在现行的教学活动中，探索如何有效地将乡村建筑文化整合进建筑设计类专业的教学与实践中，已经成为一个需要深入探讨和实践的重要课题。

高等职业院校建筑设计类专业的课程包含对乡村建筑传统的学习与研究，可以确保学生在设计实践中能够尊重并吸收这些传统元素，从而建立起一个涵盖历史学、建筑学、民俗学等多元学科知识的课程体系，可以为学生提供全面的理论教育和多学科知识的整合。此外，通过课堂

讲解、案例分析以及现场考察等方法，深化学生对乡村建筑风格、功能及其文化内涵的认识。同时，学生能够在乡村建设实践中锻炼操作技能，并深刻体验和学习乡村建筑的独特魅力。此过程也有助于促进教师与企业之间的技术互动，增强教师的实践和创新能力，进而提高整个教学团队的教学质量。

此外，传承与创新相结合是延续乡村建筑文化的重要途径。在传承乡村建筑文化时，可以培育学生在设计过程中的探索与创新思维。学生不仅要掌握如何维护和继承传统建筑的核心价值，还要尝试将现代设计理念与技术相结合，设计出既保留传统风貌又满足现代功能需求的建筑作品。这样的设计实践不仅有助于提高学生的创新能力，也为乡村的持续发展注入了新的活力。

（二）培养乡村建筑文化传承型设计人才

在乡村振兴的背景下，高职院校建筑设计类专业的教育应积极响应国家政策，注重培养具有传承乡村建筑文化能力的设计人才，为传统建筑文化的保护与传承提供支撑。

在乡村振兴背景下，高职院校建筑设计类专业是培育建筑文化传承的设计人才的重要载体。建筑文化是体现各民族在漫长生产生活中不断创新和进步的重要表现，其通过独特的建筑风貌、技术和艺术，反映了特定历史时期的文化、经济和环境特点，也构成了民族文化传承的关键媒介。培育能够传承和创新建筑文化的设计人才，对于维护和促进文化的发展、助力乡村振兴扮演着重要色。

高职院校建筑设计类专业在培养能够传承乡村建筑文化的设计人才过程中发挥着重要的作用。在教学中，课程内容涵盖建筑的理论知识，结合实际设计操作，能够使学生通过实践活动深化认识和应用。例如，可以开设专门的"民族建筑设计"课程，采用项目化教学方法，引导学生通过设计实践融合建筑元素，融入地方文化特色，以及将传统建筑工艺与现代设计技术相融合。

高职院校建筑设计类专业在课程设置上，通过加强对传统建筑文化的教育，可以让学生系统地掌握乡村传统建筑的精髓，并能在未来的设计实践中得以运用和传承。主要包括对乡村传统建筑的设计理论与方法、地方特色的乡村建筑风格、材料以及施工技术的学习。

此外，实践教学是培养学生传承与设计乡村建筑文化能力的重要环节。高职院校可以通过项目实践，结合村庄的实际建设，让学生参与真正的乡村建设项目。这种"学以致用"的教学模式使学生在实际操作中深入了解乡村建筑文化，并根据现代生活的需要进行创新性设计。

在人才培养中，校企合作是培养乡村建筑文化传承与设计人才的有效途径。高职院校通过与具有丰富乡村建设经验的设计机构、建筑企业建立紧密的合作关系。通过合作，学生可以获得宝贵的实习机会，同时，企业也能获得具有实践能力的设计人才。校企合作不仅能够为学生提供实践平台，还能为企业提供具有创新思维和实践能力的设计人才。

三、实现地域特色乡村建筑设计人才供给侧结构性改革

（一）培养地域特色乡村建筑设计人才

在乡村振兴背景下，高职院校建筑设计类专业人才培养的重要性愈发突显。特别是在涉及地域特色的乡村建筑设计领域，对人才的要求不仅包括扎实的专业知识和技能，更强调对地方建筑文化的深入理解以及传承与创新的能力，以此来推动乡村物质文明和精神文明的建设。

在培养地域特色乡村建筑设计人才的过程中，高职建筑设计类专业能够培养出既掌握现代建筑设计技术与理念，又通晓本地建筑文化的复合型专业人才。在培养过程中，不仅要重视理论知识体系的系统构建，而且要加强对实践操作技能的培养，强调创新思维和应用设计能力的养成。

在课程教学中，高职院校根据市场需求和乡村实际情况，不断调整、优化课程设置和教学内容，能够使学生具备扎实的专业知识和实践能力。同时，注重对学生设计能力和创新能力的培养，尤其是在培养学生地域特色建筑设计能力方面。可在课程设置中增加相关的设计类课程，如"民居设计""地域性建筑设计"等。此外，在课程安排上，根据地域实际，将传统建筑文化与现代建筑设计理念相结合，设计相关课程和实践活动。例如，开设建筑学、传统建筑保护与修复等课程，能够确保学生在全面学习现代建筑设计知识的基础上，深刻领悟本地建筑传统及其文化意义。还可以通过实践教学环节，如设计工作室、实习实践等方式，让学生有机会将所学知识应用到实际的设计项目中，从而提升其设计实践能力。

在教学方法上，通过采用项目式学习、案例解析、校企合作等多种方式，确保理论知识与实际应用紧密结合，让学生参与实际的乡村建设项目，能够促使学生将所学理论转化为实践技能，还能够提升他们的设计实践和创新能力。此外，通过与企业合作，学生可以更早地了解行业动态和需求，从而提高他们的就业竞争力。

在教师团队的组建上，要打造一支既具备较高理论素养又拥有丰富实践经验的"双师型"师资队伍。这样的教师能够既提供高质量的理论教学，又能够有效地指导学生的实践操作。首先，高职院校与地方政府、企业、文化机构等建立紧密的合作关系，共同开发具有地方特色的课程体系和教学内容。这种"定制化"的教育模式，可以使学生在学习过程中更深入地理解和体验地方的文化特色和建筑风格，从而在未来的工作中能够更好地满足客户的需求，提供具有地域特色的设计方案。高职院校强化与地方建筑企业的校企合作，建立稳定的实习和就业合作关系。通过与企业合作开展实习实训、毕业设计等实践活动，让学生深入了解乡村建筑设计的市场需求和行业动态，提高他们的实践和创新能力，学生可以在企业的真实项目中进行实习，不仅能够提升自身的设计专业技能和实践能力，还能帮助企业解决人才招聘的问题，实现校企双赢。在评价机制上，通过构建一个多元化的评价机制，评估学生设计作品的质量，考查学生对本地建筑文化的理解深度和应用水平，以及在设计过程中展现出的创新能力，从而为乡村的建设与进步提供坚实的智力支撑和人才保障。

（二）满足乡村建筑设计人才需求

在乡村振兴的背景下，具有地域特色的乡村建筑设计对人才的需求日益迫切。在乡村振兴的背景下，高职院校建筑设计类专业在培养符合乡村建筑设计需求的人才方面发挥着至关重要的作用。高职院校建筑设计类专业通过优化人才培养体系、加强实践教学和创新能力培养等措施，实现了地域特色乡村建筑设计人才的供给侧结构性改革。对相关人才的要求不仅包括具备一般的建筑设计能力，还要求深刻理解和尊重当地的文化传统、习俗、自然环境等因素，进而提供具有地域特色的设计方案。因此，高职院校建筑设计类专业在培养人才的过程中，通过重视实现地域特色乡村建筑设计人才供给侧结构性改革的策略研究，可以满足地方经济和文化发展的需要。

乡村振兴战略的推进，不仅为乡村发展带来了新的动力，同时也对建筑设计人才的能力提出了更为全面的要求。本研究通过探讨高职院校建筑设计类专业如何在生产、教学、研究、创新等方面实现深度结合，更有效地满足乡村建设对建筑设计人才的迫切需求。

在乡村振兴的背景下，对建筑设计人才的需求呈现出显著的复合性特征。设计师不仅应具备扎实的专业技术和能力，还要能够理解和融合地方文化，同时拥有创新意识和创业精神。因此，高职院校建筑设计类专业的课程安排和教学内容也紧跟时代步伐，融入乡村振兴战略，符合相关要求，确保学生的知识体系与乡村建设的具体需求保持一致。

此外，高职院校建筑设计类专业的教学团队拥有多样化的专业背景，团队构成包括熟悉地方建筑文化和建筑设计的设计师、擅长将科研项目与教学相结合的专业教师，以及精通创新创业教育的专家。这样的多元化教学团队不仅能够有效培养学生的综合素质，还能在培养过程中不断提高自身的产教研创综合能力，形成正向的互动和提升机制。

为了更有效地适应乡村建设的需要，高职院校建筑设计类专业要与地方政府及企业建立紧密的合作关系，形成合作网络，并共同打造校内外一体的乡村实践教学基地。这样的实践平台不仅能够为学生提供实际设计操作的机会，还能够促进专业知识与乡村建设实际需求的衔接，确保研究成果能够直接应用于乡村建设的具体实践中，实现学以致用。而且，高职院校建筑设计类专通过激励学生积极参与创新创业活动，例如创办设计工作室、投身乡村建设项目等，使学生们的创新思维和创业能力得到有效提升，从而为乡村建设培养出具有创新精神的设计人才。

（三）提升乡村建筑设计人才综合素质

在乡村振兴背景下，高职院校建筑设计类专业在探索产学研创相结合的道路上，必须高度重视提高乡村建筑设计人才的综合素质。包括沟通技巧、团队协作技巧、项目管理技巧等，这些都是一个优秀的建筑设计师所必备的素质。通过这些综合素质的培养，可以帮助学生在未来的工作中更好地适应各种工作环境，提高工作效率和设计质量。这不仅是个人专业成长的需要，更是推动乡村建设可持续性和创新发展的重要环节。乡村建筑设计人才素质的提高，对于实现乡村的全面振兴和长远发展具有深远的意义。

高职院校建筑设计类专业通过深化课程体系的建设，确保乡村建筑设计的理论与实践得到有效融合，紧密对接乡村振兴的战略需求，融入本土化的设计理念和方法，使学生能够在学习基本建筑设计理论与方法的基础上，深入理解乡村建设的独特性。课程内容涵盖传统建筑的保护与利用、乡土材料的应用、可持续设计理念等，并且设置具有针对性的设计实践课程，例如乡村庭院设计、乡村民居改造设计、乡村公共空间设计等，以此来强化学生的设计实践技能。

通过这样的课程设置，学生能够在实践中学习，从而更好地适应乡村建设的实际需求。通过将学生引入乡村建设的实际项目中，让他们参与真实的设计过程，可以让学生更深入地了解乡村建设的具体需求，从而提高设计方案的针对性和实用性。同时，实践教学还注重培养设计团队的协作能力和项目管理能力，通过团队协作解决实际问题，从而全面提升学生解决问题的综合能力。这样的实践人才培养不仅能够锻炼学生的专业技能，还能提升他们的人际沟通和团队协作能力，为其未来职业发展打下坚实的基础。

此外，通过加强乡村建设相关的科研和创新活动与教学的结合，鼓励学生、教师以及校企合作的设计团队参与到乡村建设的科研项目中。通过项目申报、执行和研究的过程，可以显著提升学生的科研素养和设计创新能力。这样的经历不仅能够帮助学生将所学知识应用于解决实际问题，还能够培养他们在未来工作中将理论知识转化为实际问题解决方案的能力，从而更好地服务于乡村建设的需要。总之，高职建筑设计类专业教育重视学生综合素质的培养，能够为乡村振兴战略的实施提供综合能力较强的复合型设计人才。

第三节 建筑设计类专业与乡村振兴的契合点

一、紧贴产业发展需求

在乡村振兴背景下，高职院校建筑设计类专业在推进产教研创融合研究与实践时，需紧密结合产业发展的实际需要。产业发展的关键在于促进乡村经济增长、优化乡村的基础设施与居住条件，以及保护乡村独有的建筑文化遗产。因此，建筑设计专业的产教研创融合进程应当与乡村振兴的战略目标保持一致，从而保障所培养的专业人才能够充分满足乡村振兴的多方面需求。

乡村振兴战略的实施迫切需要一批具有专业素养的设计人才。这些人才不仅需要掌握扎实的专业理论和设计技能，还应具备创新思维和实际操作能力。他们应当能够针对乡村的具体情况，开展方案设计、规划布局，乃至项目实施，以提升乡村建设的综合品质和效率。鉴于此，高职院校建筑设计类专业的培养目标应当契合这些标准，着重于提高学生的综合能力，尤其是实践和创新技能的发展。此外，在乡村振兴的背景下，产业发展的新趋势对建筑设计类专业提出了更大的挑战。例如，在乡村建设规划过程中，设计师们必须深入思考如何保护和传承传统文化。这意味着设计人员不仅需要专业的技术水平，还必须对当地文化有深刻的理解和感悟。因此，在课程设置和教学实践中，应当强化对乡村传统文化及建筑特色的教学内容，确保学生在实际设计项目中能够有效地融合地方文化要素，进而推动乡村文化的持续发展。

随着乡村建设的推进，对于可持续发展和环保意识的要求也在不断提升。设计师在设计过程中需要考虑如何贯彻绿色建筑理念、如何在提升居住舒适度的同时降低建筑对环境的影响等问题。因此，在高职院校建筑设计类专业的教育过程中，应当重视培养学生的可持续发展意识，让学生在设计实践中掌握并运用绿色建筑的设计原则和技术，以满足乡村振兴对可持续发展的需求。这包括教授学生如何利用可再生能源、如何选择环保材料、如何进行生态规划和设计，以及如何实现建筑与自然环境的和谐共生等。通过这样的教育，学生将能够为乡村建设制订出更加环保和可持续的设计方案。除此之外，乡村振兴过程中的产业发展还要求设计人才拥有出色的沟通协调技巧以及团队合作的意识。在乡村建设项目的实施过程中，设计师通常需要与政府机构、企业等多个方面进行有效的沟通与合作，以保证项目的顺利推进。因此，在教育实践中，应通过产学研创相结合的教学方式，让学生参与实际项目操作，以此提升他们的沟通协调和团队协作能力。

在校企合作方面，产业发展使高职院校建筑设计类专业的产教研创融合面临着更为严峻的挑战。通过与企业、政府机构及教育部门在乡村建设领域的深度合作，构建校企合作实践平台，打造集产学研创于一体的教学体系，持续改进课程内容和教学手段，确保学生的知识与技能、创新能力能够满足乡村振兴产业发展的具体需求。这样的实践尝试将显著提高高职院校建筑设计类专业人才的培养水平，为乡村振兴战略的实施提供坚实的人才保障。

二、实现人才培养目标

在乡村振兴战略实施的背景下，高职院校建筑设计类专业面临着新的发展机遇和挑战。

高职院校建筑设计类专业的人才培养目标应当紧跟时代步伐，以助力乡村建设为使命。通过产教研创的深度结合，致力于培养具备专业素养、实践技能和创新思维的复合型人才。这些人才不仅要拥有扎实的建筑设计理论基础和精湛的设计技艺，还应当深刻把握乡村的地域特色，具备文化素养，并且能够将新颖的设计理念和技术有效地运用于乡村建设的实践中，磨炼实践能力和创新能力。

建筑设计类专业与乡村振兴的契合点主要体现在专业能力与实践需求的匹配、创造发展的新机遇、产教融合的深度发展以及课程设置与教学方式的改革等方面。在乡村振兴的背景下，高职院校建筑设计类专业应当积极探索与乡村建设的有效对接，以实现专业的创新发展和社会服务功能的拓展。建筑设计类专业的人才核心能力应与乡村振兴的实践需求高度契合。乡村振兴的核心在于乡村建设，而建筑设计类专业正是提供乡村建设所需的设计人才和技术支持的关键专业。本专业的学生应具备扎实的设计理论基础、创新设计能力以及项目管理技能，这些能力要能够满足乡村建设在设计创新、技术应用、项目管理等方面的需求。

同时，乡村振兴战略的实施，为建筑设计类专业的创新发展提供了新的动力和平台。乡村建设涉及的项目往往具有地域性强、个性化需求强烈的特点，这为建筑设计类专业的学生提供了广阔的创作空间和实践机会。通过参与乡村建设项目，学生不仅能够将所学知识与实际需求相结合，还能够通过实践活动提升自身的创新能力和实际操作能力。建筑设计类专业可以通过产教融合、产学研用一体化的方式，更好地服务地方经济社会发展。高职院校与地方政府、企业的紧密合作，可以使学生有更多机会参与到真实的乡村建设项目中，通过实践学习，提升专业技能，同时也能够促进地方建筑设计水平的提升，实现建筑设计类专业的创新发展。

三、实现资源优势互补

高职院校建筑设计类专业产教研创的融合，是培养乡村振兴高素质人才的关键路径。作为核心策略，资源优势互补意味着要将教育、科研、产业等领域的资源进行有效整合和优化配置，以匹配乡村振兴对人才的需求，培育出能够为乡村建设提供专业服务的设计人才。

在建筑设计类专业人才培养过程中，高等职业院校可以与地方的建筑企业、设计公司等形成产教研创联盟，实现资源共享。通过这种合作模式，教师能够将企业的真实项目案例和前沿设计理念融入课堂教学，从而丰富教学内容并帮助学生积累实战经验。同时，企业内的设计师也能够通过举办讲座、研讨会等活动参与到学校教学中，向学生介绍行业的最新动态和设计前沿技术，拓宽学生的行业视野，激发他们的创新思维。除此之外，科研资源的协同配合也是资源优势互补策略中的关键环节。高等职业院校的教师可以结合企业的具体项目，展开科研合作和技术开发。这种方式不仅能够加速科研成果向实际生产力的转化，还能够让学生参与到真实的研究项目中，从而提高他们的创新能力。学校与企业也可以联合申报科研项目，通过项目驱动的模式，推动教育与产业的深度结合，实现教育和科研的相互促进和共同发展。

高等职业院校通过积极回应乡村振兴战略，与参与乡村建设的各类企业和机构建立紧密的合作网络。通过这种合作，学校能够引入乡村建设项目，使学生能够直接参与到项目的设计与实施过程中，从而锻炼他们解决实际问题的能力。同时，学校还能够根据企业的具体需求，定制化培养专业人才，既满足了企业的人力资源需求，又实现了学校与企业的互利共赢。

四、优化专业设置

乡村振兴战略的实施为建筑设计相关专业的实践和创新发展提供了广阔的平台。因此，探索建筑设计类专业与乡村振兴的协调发展战略，对于促进职业教育与区域社会经济发展的深度融合具有重大的理论和现实意义。

高职院校建筑设计类专业推进产教研创融合的过程中，专业设置的优化是培养高素质人才的关键路径。本研究的目的是探究如何通过优化高职院校建筑设计类专业的课程结构、实践环节以及校企合作模式，以适应乡村振兴对人才的需求，并提升学生的创新创业能力以及实际操作技能。

在专业设置方面，应当紧密围绕乡村振兴的实际需求，这意味着在构建课程体系时，不仅要包含传统的建筑设计技能，还需融入乡村规划、生态维护、历史文化遗产保护以及传统建筑的保护与再利用等相关知识。这样的课程内容扩展，有助于提升学生在乡村建筑文化方面的素养，使得他们在设计实践中能够更好地融合地域文化特色，制定出既符合当代审美又具有地方特色的设计方案。此外，高职院校建筑设计类专业应当积极响应乡村振兴战略，将乡村振兴理念融入教育教学。例如开设建筑室内设计专题、民族建筑装饰设计专题、乡村规划设计、建筑技术综合应用等实操课程。同时，结合实习实训、毕业设计等实践环节，让学生有机会将所学的理论知识和技术应用于真实的设计项目之中。通过参与实际工程项目的操作，学生的实践能力和综合素养将得到显著提高，为其将来的职业生涯奠定坚实的实践基础。

在校企合作方面，深化与乡村建筑设计企业、规划机构的合作，共同推进产教研创融合项目的发展，确保课程内容与实际工程项目紧密结合。通过与农村规划部门、设计公司和规划设计咨询公司合作，可以建立实习和培训基地。这样的合作模式使学生能够直接参与到真实的项目设计中，从而锻炼他们解决复杂问题的能力和创新思维。同时，这种合作也可以为乡村建设提供专业技术支持，实现学校和地方的双赢。通过校企合作，学生将获得更多的实习和就业机会，这不仅提升了他们的职业技能，也增强了他们在就业市场上的竞争力。

第二章　高职院校建筑设计类专业现状与趋势分析

第一节　高职院校建筑设计类专业的发展现状及面临的挑战

一、高职院校建筑设计类专业的发展现状

在乡村振兴背景下，高职院校建筑设计类专业的发展现状体现了中国在推动地方经济增长与人才培养方面的积极行动。目前，该专业在培育具有实际操作能力和创新设计能力的专业人才方面已经取得了一定的成就。

高职院校建筑设计类专业在教育资源分配、课程安排、产教融合以及校企合作等多个方面取得了显著的进展。课程规划更加重视理论与实践的结合，不仅涵盖了传统建筑设计、结构与材料等基础课程，还引入了智能建筑、绿色建筑等前沿课题。

高职院校建筑设计类专业在产教融合方面取得了重大进展。与企业的合作模式不断创新，使许多建筑设计专业的学生能够通过校企合作和工学结合的方式参与真正的乡村建设项目。通过校企合作等途径，推动了实习实训、项目合作等教学方法的实际应用，这不仅提高了学生的实践能力，也为企业解决了现实实践的问题。这种模式有效地缩小了教育与实际需求之间的差距,从而提高了学生的就业能力。

高职院校建筑设计类专业不断融入乡村振兴战略。在培养学生过程中,专业特别强调将理论知识与乡村建设的具体需求相衔接,激励学生关注乡村建设的独特性和创新性,推动了其设计理念的更新和设计创新能力的增强。随着乡村振兴战略的深入实施,对于懂得乡村建设、有能力进行乡村建设规划的设计类人才需求日益增加。高职院校作为高技能人才培养的重要基地,其建筑设计类专业的课程设置、教学方法和实践活动等方面均应有所创新,以适应现实对人才需求的变化。例如,课程设置中增加了乡村建筑设计、乡村规划原理等与乡村振兴紧密相关的课程,教学方法上注重理论与实践的结合;实践活动方面,加强与乡村建设相关的设计实践和项目实施。高职院校作为培养高技能人才的重要基地,为适应人才需求的变化,在课程设置、教学方法和实践活动等方面进行了创新。例如,课程设置开设了与乡村振兴密切相关的课程,如乡村建筑设计和乡村规划原则。在教学方法上,注重理论与实践相结合。在实践活动中,强调与乡村建设相关的设计实践和项目实施。同时通过开设专门课程、组织设计比赛等活动,激励学生深入探究乡村建筑的传统与现代结合路径,以及如何在设计中融入地方文化特色,这样做增强了学生对乡村建筑文化的认知和传承。

然而,高职院校建筑设计类专业在发展过程中也面临着一些挑战。比如,专业特色需进一步突显,教学水平需进一步提升,特别是在探索将乡村振兴的具体需求与设计创新有力融合的策略上,更需要创新思维和实践探索。例如,由于乡村建设的特殊性,如地域差异、文化背景、材料设备等因素,对设计类专业的教学内容和方法提出了更高的要求。此外,乡村振兴背景下的项目往往资金有限,这对学生的实践能力提出了更高的要求。同时,由于乡村建设项目的实施周期较长,学生的实习和实践机会可能会受到一定的限制;由于乡村建筑的特殊性(如区域差异、文化背景和材料设备）对与设计相关的专业的教学内容和方法提出了更高的要求。

针对以上挑战，高职院校建筑设计类专业的发展策略可以从以下几个方面进行改进。

首先，要加强课程改革，重点是培养学生的创新和实践能力，尤其是在乡村建筑设计等可持续性领域，以提高其专业知识和技能。其次，建立稳定的学企合作机制，并为学生提供更多参与项目的机会。同时，加强与政府和行业的沟通。通过积极参与乡村建设的计划和实施过程，以提高学生的实践能力和社会适应能力。此外，要利用信息技术的手段，例如在线教育平台和虚拟模拟空间，为学生提供更多样化的学习资源和实践机会。

在乡村振兴战略的持续赋能下，高职院校建筑设计类专业正逐步成为支撑乡村建设的重要人才孵化器，并已取得了一些成果，但同时也存在专业特色不够突出、教学资源不足等问题。高职院校建筑设计类专业应在人才培养模式中不断创新，应当更加紧密地与乡村振兴相结合，重视教学资源的整合与优化，深化校企合作，提高教学水平和学生的创新设计能力，从而为地方建筑产业的进步和乡村振兴战略的实施提供坚实的人才保障，以满足乡村建筑的实际需求。

二、高职院校建筑设计类专业面临的挑战

在乡村振兴的背景下，高职院校建筑设计类专业面临着多重挑战，不仅涉及专业的内部发展，而且还涉及与乡村建设的紧密结合。

（一）人才培养方式与乡村振兴需求不匹配

当前，高职院校建筑设计类专业在人才培养与乡村振兴的需求之间存在的不匹配性主要表现在以下几个方面。

首先，教学内容的地域特色和时代感不强。在传统的高等职业建筑

设计教育中，课程设计和教学活动往往侧重于理论知识和设计技巧的教学，一些高等职业院校在建筑设计专业的课程安排和教学内容的规划上，未能充分挖掘和融入乡村地区的独特文化，这导致了培养出的专业人才与乡村振兴所要求的具有地域特色的建筑设计和文化需求不相符。而当前高职建筑设计专业的教育模式没有有效地培养学生的服务地方经济社会发展的意识，也限制了学生在乡村建设中进行创新实践的能力提升。随着城乡一体化的推进，高职院校建筑设计类专业的课程内容和教学方法需要与时俱进。目前，某些课程设置和教学方法仍然是停留在传统的建筑设计教学模型上，并未及时吸收和整合新理念和新技术。因此，地域特色建筑设计、乡村建筑设计等需要融入现代建筑理念。这是专业改革的重要方向。

其次，产教研创的融合度不高，存在分离和脱节现象。在高职院校的建筑设计专业中，产业、教学、研究和创新之间的结合并不紧密。教师的研究项目与日常教学之间缺乏有效衔接，科研成果转化为教学内容的比例不高，教学实践平台也未能与产业技术需求有效对接。这导致学生缺乏将理论应用于解决实际问题的能力训练。这种融合不足的状况限制了学生创新精神和实践能力的培养，并影响了专业人才的就业竞争力。

再次，传统的实践教学模式往往与实际工作脱节，导致学生缺乏真实的设计项目经验。这不仅影响了学生实践能力的培养，也限制了他们创新能力的发展。因此，构建一个与乡村振兴融为一体的实践教学体系，已成为专业建设的重要任务。

创新创业教育的不足。高等职业教育除了要传授专业技能，还需注重培养学生的创新意识和创业能力。但目前，在高职院校建筑设计类专业中，缺少将专业理论与创新创业教育有机结合的实践教学方法；缺少一套系统的培养方案和明确有效的执行策略。当前的教学模式大多遵循理论教学与实践操作相结合的路径，但缺少以乡村建设实际问题解决为目标的课题式学习和实操。这种情况下，对学生在创新思维、创业技能以及解决具体问题能力方面的培养不够充分，这限制了他们在乡村建设中创新设计能力的发挥。

校企合作存在局限性。校企合作是提高教学质量、应对实践教学挑战的有效途径，对于提升教学品质和实践教学的有效性起着关键作用。然而，现实中，校企合作深度和广度仍需拓展。由于合作机制的不完善和合作深度等方面的不足，校企合作常常流于形式。企业在教学资源开发、学生实习安排、项目实践参与等方面的贡献不足，这限制了教学方法的创新和学生们实践经验的积累。如何建立有效的校企合作机制，使企业成为教学资源的提供者和实践教学的参与者，是高职院校建筑设计类专业需要解决的问题。

教师队伍结构尚不合理，缺乏具有实际项目经验的专业教师。由于师资队伍、师资构成以及评价体系等方面的限制，影响了实践教学的质量，限制了学生实践能力的提高。同时，教师专业发展也需要不断提高，以满足行业发展的需求。此外，教师团队的专业技能和实践经验存在局限性。在将科研成果转换为教学资源的过程中，由于教师自身实践经验的不足，他们难以将前沿的设计理念和技术巧妙地融入乡村建设的教学与实践之中，这无疑影响了教学成效和学生实践技能的提高。

最后，实践教学平台的建设和校企合作机制有待完善。由于企业所提供的实践机会有限，这使学生在实践中学习的机会不多，进而影响了学生实际应用能力的培养。

针对上述问题，高职院校建筑设计类专业的人才培养需要与乡村振兴的实际需求相适应。一是课程设置的改革，将乡村地区的特色内容融入教学大纲，例如增设乡村建筑文化与设计、乡村规划设计等相关课程，旨在让学生在掌握设计技术的同时，深刻领悟乡村振兴战略背景下的乡村建设的具体需求。二是创新教学方法，实施项目驱动、案例教学、问题导向的教学方式，以乡村建设中的实际问题为切入点，唤起学生的学习热情和创造性思维。三是加强教师队伍建设，增强教师的实战经验和教学能力，激励教师投身乡村建设的实际操作与探究，确保教学内容与实际问题的深度融合。四是构建校企合作的实践教学平台，加强与乡村建设相关的企业合作，为学生提供更多的实践机会，让学生参与到真实的乡村建设项目中去。

通过以上措施，可以有效提升高职建筑设计类专业人才的培养质量，使其更好地服务乡村振兴，为促进乡村建设和发展提供有力的人才支持。

(二) 教育资源分布不均

教育资源分布不均等表现在以下几个方面。首先，教育资源在地域上的分布呈现出显著的不平衡。受经济发展水平和地方政府关注度差异的影响，教育资源更多集中在经济较为发达的地区和城市。在经济欠发达的乡村地带，高职建筑设计类专业的教育资源相对匮乏，包括教学设施、图书资料以及信息化教学资源等。这种匮乏在一定程度上制约了乡村地区学生的学习与实践机会，进而影响了他们专业技能和创新能力的提升。其次，教育资源的结构性不均衡。目前，高职建筑设计类专业的教育资源主要集中于传统课程和常规实践教学上，而在响应乡村振兴战略所需要的新农村建设、生态保护、历史文化保护与继承等领域，教育资源则显得不足。这种教育资源结构性的不均衡导致了教学内容与乡村振兴的实际需求之间不匹配，从而影响了专业人才综合素质和创新实践能力的提升。再次，教师资源的不均衡。教师所进行的科研项目与专业教学以及乡村产业的融合度不够，这不仅影响了教师将科研成果转化为教学内容，也制约了学生对乡村特色行业和文化的深入理解与学习，进而影响了他们将知识和能力应用到乡村振兴实践中。最后，在教育资源分配不均的情况下，高等职业院校与乡村企业之间的合作常常受到资源投入不均衡、合作机制不完善等因素的制约，这种情况限制了校企联合培养人才的深度和范围。

针对教育资源分布不均的问题，需要从以下几个方面进行改进。一是加大对乡村地区高职建筑设计类专业教育资源的投入，包括硬件设施、教学软件以及信息化建设等，缩小教育资源的地域差距。二是更新教育内容，将乡村振兴战略所需的知识、技能和战略性内容融入课程体系，以保证教育的内容与乡村振兴的需求相匹配。三是强化教师队伍建设，通过改善待遇、提供发展空间等措施，吸引和稳定优秀教师，同时加强教师的在职培训，提升其产教研创融合的能力。四是深化校企合作，建立稳定的校企合作机制，充分利用企业资源，通过项目合作、实习实训等方式，提升学生的实践能力和创新创业能力。

通过以上措施，可以有效地推动高职建筑设计类专业的产教研创融合，为乡村振兴培养出更多的高质量人才。

（三）专业内涵建设不足

在乡村振兴背景下，将产教研创融合于高职建筑设计类专业教育，是提高该专业人才培养质量的关键途径。当前，该专业在内涵建设方面存在一些不足，主要体现在以下几个方面。首先，教学内容与乡村振兴战略的契合度有待提高。对于高职建筑设计类专业而言，课程内容应紧密结合乡村振兴的具体需求，以培育学生的实际操作能力和创新思维。但是，部分高职院校在课程安排和教学执行上，未能充分考虑到乡村特定地域特色、民族建筑文化遗产以及相关产业链的发展要求，导致学生所学的知识与实际应用场景之间存在断层，难以全面增强其支持乡村振兴的综合能力。其次，教师的研究方向和项目执行与教学活动及乡村建设实际需求的衔接尚需加强。教师的研究项目应当与课堂教学内容以及乡村发展项目紧密相连，通过项目化的学习方法，激发学生的学术兴趣并增强其实际操作技能。然而，由于教师的研究工作与教学大纲、乡村建设项目之间联系不够紧密，研究成果难以在教学过程中有效应用，从而影响了学生创新精神与实践技能的发展。再次，缺乏有效的产教研创融合机制。高等职业院校需要构建一个能够促进产业、教学、研究、创新紧密融合的运作体系，通过校企合作、产教研创结合等途径，整合各方资源，打造一个适应乡村振兴需求的实践教育平台。现阶段，一些高职院校在产教研创融合方面缺乏有效机制，导致教学、科研、实践以及创新创业活动相互独立，缺少必要的连贯性和互动性。此外，创新创业教育的不足。在乡村振兴的背景下，高职建筑设计类专业的学生不仅需要掌握扎实的专业技能，还应当具备一定的创新创业素质。这要求高等职业院校在专业教育的基础上，强化创新创业教育，帮助学生提升项目管理、市场分析、品牌塑造等多维度的能力。然而，目前某些高职院校在创新创业教育的资源投入和课程开发上仍有不足，难以满足学生发展的实际需要。最后，教师队伍结构和评价体系有待完善。为了全面提升学生的专业能力，高职院校的教师团队应当由兼具一定理论水平和实践经验的教师组成。但是，部分高职院校在师资配置上还未达到这一标准，同时教师评价体系主要依赖于传统教学模式，缺少对教师在产教研创融合工作中所作贡献的科学评价和激励机制。

针对上述问题，高职院校建筑设计类专业亟须在教学内容、课程设计、师资培养、产教研创平台搭建、创新创业教育等多个层面进行系统性的改进和创新，促进内涵式发展，目的是培养出既具有专业素养又能为乡村振兴作出贡献的复合型人才。

在乡村振兴的背景下，高职院校建筑设计类专业所面临的挑战是多方面的，既需要内部改革与创新，也需要有效应对外部环境。高职院校建筑设计类专业所遭遇的核心挑战和困境主要体现在教学内容的地域特色和时代感不强、产教研创融合度不高、创新创业教育不够充分以及校企合作的深度不够。为了有效解决这些问题，必须从课程设置、教学手段、师资队伍、产教研创结合等多个层面进行改革与创新，只有这样，才能更好地满足乡村建设的需求，培养出更多高素质的人才以适应未来的发展。

第二节 乡村振兴对高职院校建筑设计类专业的新要求及专业发展趋势

一、乡村振兴对高职院校建筑设计类专业的新要求

（一）调整人才培养目标

乡村振兴作为国家战略的重要组成部分，对高职院校的建筑设计专业提出了新的要求。这些要求不仅涉及专业知识和技能的更新，还包括教育方法、研究方向和创新实践方向的变革。在乡村振兴的背景下，高职院校建筑设计类专业的教育和实践活动必须与时俱进，以满足新的发展需求。

高职院校建筑设计类专业的人才培养目标应当根据新时代的社会需求和行业发展动向进行相应的更新。过去，建筑设计专业的人才培养侧重于专业知识和技能的传授，而在当前乡村振兴的背景下，人才培养的目标还应涵盖创新意识、创业素质、对乡村建筑文化的继承与创新等多维度的能力培养。首先，调整目标。这促使高职院校在调整建筑设计类专业人才培养方案时，必须紧密联系乡村的具体情况和需求，致力于提升学生在乡村建筑文化传承与创新方面的能力。新的人才培养目标应当涵盖对乡村自然景观、历史文脉、民俗传统的全面理解，以及掌握和应用新技术、新材料的能力，以便设计出既满足现代功能需求又体现地域特色的乡村建筑。其次，高职院校建筑设计类专业的教育内容需要更新。传统的建筑设计教育多聚焦于城市建设和商业项目，而乡村振兴的实施

则需要大量掌握乡村规划、传统建筑保护与利用、绿色建筑设计等内容的专业人才。因此，课程设置需加入乡村规划原理、生态环境材料的使用、传统建筑元素的现代诠释等内容，以确保学生能够掌握乡村建设的特殊要求和技术。再次，高职院校建筑设计类专业的实践教学也应与乡村振兴相结合。这不仅意味着在课程中增加乡村设计实践的内容，还包括与相关乡村建设项目紧密合作，让学生参与实际的乡村建设项目，并通过实际操作提升他们的设计和项目管理能力。此外，在乡村振兴的背景下，高职院校建筑设计类专业的研究方向也应进行转变。研究可以聚焦于乡村建设的可持续发展、传统建筑的保护与创新，以及乡村规划的理论与方法。通过深入研究，不仅可以提升专业的学术水平，还能为乡村建设提供科学的理论支撑和实践指导。一方面，高职院校建筑设计类专业的创新实践也应满足乡村振兴的要求，例如开发适用于乡村建筑的新型建筑材料和技术，探索结合生态保护的乡村建设新模式，研究适合乡村发展的低成本高效益设计方案。这些创新实践不仅能提升学生的创新和实践能力，还能为乡村建设提供切实可行的方案。另一方面，鼓励学生培养创新思维，点燃创业激情，增强独立创业的素质。例如，可以通过与企业合作，将实际的企业项目融入教学，使学生在处理现实问题的实践中增强自我激励和解决问题能力。

乡村振兴背景下的产教研创的融合要求学生能够将理论知识转化为实际生产力。新的人才培养方案应当着重提升学生的实际操作技能，加强涉及乡村建设的项目实践，通过建立实践教学基地，为学生提供实践平台，让学生在真实的工作场景中学习新知、掌握新技能，并持续地进行自我优化与提升。

总之，乡村振兴对高职院校建筑设计类专业提出了新的要求，涉及教育内容、实践教学、研究方向和创新实践等多个层面。高职院校和主要建设者应积极响应这些新要求，通过教育改革、实践项目、研究课题和创新实践等多种手段，为乡村振兴培养更多高素质的建筑设计类专业人才。这不仅促进了乡村建设，也有利于高职院校建筑设计类专业的持续发展与进步。

高职院校建筑设计类专业在乡村振兴背景下的人才培养目标调整，应该是一个全方位的调整，不仅涉及专业技术的培育，还应涵盖创新创业能力以及乡村建筑文化继承与创新能力的提升。通过这种人才培养目标的优化，可以保证所培养的人才能够契合乡村振兴战略的具体需求，为乡村的构建与发展带来新的动力。

（二）优化课程体系

在乡村振兴背景下，高职院校建筑设计类专业的课程体系优化是促进产教研创融合深入发展的核心步骤。应深入探讨在乡村振兴战略指导下，高职建筑设计类专业课程体系的优化策略。通过深化课程体系改革，实现专业人才培养与乡村建设需求的紧密对接，旨在培育既有专业技术能力又能为乡村振兴贡献力量的复合型人才。首先，课程体系优化的关键在于对课程内容的革新与升级，确保其与乡村振兴战略的具体需求紧密结合。这要求课程内容不仅需要包含传统的建筑设计与技能教育，还应当融入与乡村建设紧密相关的元素，如乡村特色、地方文化、环境设计等。还可以增加如乡村建筑文化遗产保护与复兴、乡村规划与设计、传统村落保护规划等课程。通过这些课程，让学生深入理解乡村建设的历史沿革，掌握乡村设计的技术手段，并能够实际参与到乡村建设的各项工作中。其次，课程体系优化应着重于教学方法的创新。实施以项目为基础的教学模式，将理论教学与实践活动紧密融合，通过让学生参与实际的乡村规划和设计项目，来提升学生专业技能的实际应用能力。在操作层面，可以通过与参与乡村建设的企业、规划单位等建立合作，确保学生的课程学习与实际项目紧密结合，从而实现基于真实案例的教学方法。再次，课程体系优化应强调与创新创业教育的融合。通过开设跨学科课程，例如融合建筑设计、乡村旅游规划、乡村生态保护等领域的课程，来培育学生的创新思维和创业精神。同时，通过组织设计比赛、设立设计工作室、开展创业项目孵化等手段，激励学生将课堂知识应用于具体的创新创业活动中，以此提升他们的创新实践能力。最后，课程体系优化还应涉及对实践教学体系的建立与完善。打造与乡村振兴战略相契合的实践教学体系，例如设立建筑室内设计专题、规划设计与实践专题、毕业设计等模块化课程，确保学生在学习的各个阶段都能受到系统的实践锻炼。此外，通过在校内外建立实践基地，让学生在真实的工作场景中进行学习和技能训练，从而增强他们在乡村建设中的实际应用能力。

高职建筑设计类专业的课程体系优化应着眼于满足乡村振兴的人才培养需求，通过全面改革课程内容、教学方法、创新创业教育以及不断完善实践教学体系，建立一个符合乡村建设要求的专业人才培养框架，从而为乡村振兴战略的推进贡献人才和智力支持。

（三）改革教学方法

在乡村振兴背景下，高职建筑设计类专业的教学方法改革是提升人才培育质量、满足乡村建设实际需要的有效手段。产教研创相结合的教学改革中，高职建筑设计类专业应通过教学方法的创新，增强学生的实操和创新创业能力，从而更好地服务于乡村的建设与发展。首先，教学方法的改革应当紧跟乡村振兴的战略步伐，将乡村的独特文化、建筑传统以及具体的项目需求融入教学活动中。这要求教师不仅要有深厚的专业理论基础，还应当具备一定的实践经验与创新思维。通过参与乡村建设相关的科研课题，教师能够将自己在实际项目中的经验和技能转化为课堂教学资源，从而提升教学的针对性和实践性。此外，这种方法还有助于培养学生的文化自信，让他们更深入地理解和尊重乡村文化的精髓，并在设计实践中有效地融合。其次，课程设置和教学活动的设计应当与乡村建设项目紧密相连。比如，可以建立与地方政府、建筑设计单位或企业之间的合作，将真实的乡村建设项目纳入课程内容之中。在教师的引领下，学生可以参与到项目策划、方案设计、竞赛设计、实习等环节，以此来增强他们的项目规划和设计实操技能。此外，通过参与这些项目，学生将直面乡村建设的具体挑战，从而激发他们的创新思维和问题解决意识。再次，教学方法的改革应强调理论教学与实践操作、创新思维与创业行动的融合。在理论学习的基础上，教师要结合实际项目的分析与探讨，激励学生进行设计思维和方案创新。教师可以采用以项目为核心的教学方式，以具体的乡村建设项目为案例，引导学生通过问题解决来学习专业知识和技能。同时，教学中应融入创新创业的概念，鼓励学生将所学知识应用于解决实际问题的创新设计中，甚至开展创业项目的探索，以此培育学生的创业精神和实际操作能力。最后，通过构建产教研创相结合的教学平台，可以有效地整合教学、科研、产业和创业等多元化资源，为学生创造更多参与实际项目的机会，同时也为教师的研究和实践活动提供更宽广的平台。这样的平台不仅配备有必要的软硬件设施，还能模拟或提供真实的工作环境，让学生在近似或实际的工作场景中学习和锻炼，从而显著提升教学成效。

高职建筑设计类专业在乡村振兴背景下的教学方法改革，通过课程内容的升级、项目化教学的推进、理论与实践的融合，以及产教研创融合平台的搭建等多种策略，来增强学生的综合技能，培养出更多能够适应乡村建设和发展需求的应用型、创新型人才。

二、乡村振兴背景下高职院校建筑设计类专业的发展趋势

（一）产教融合深入发展

在乡村振兴背景下，高职院校建筑设计类专业的产业教育与教学相结合已经成为推动教学方式改革、提高人才培育品质的核心路径。要推

动高职院校建筑设计类专业在教学、生产、科研以及创新创业方面的有效整合，从而更好地满足乡村振兴对人才的需求。

第一，在乡村振兴背景下，高职院校建筑设计类专业的服务方向将发生重大变化。一直以来，该专业侧重于城市建设和商业空间设计。然而，乡村振兴战略的实施需要大量的规划和设计人才。这就要求高职院校建筑设计类专业拓宽服务方向，加强乡村规划、传统建筑保护和农村建筑设计等领域的科研与教学，以满足乡村建设的实际需求。

第二，深化产教融合迫切需要建立全面的协同创新机制，该机制能够有效地将行业实际问题与需求融入教学和科研活动中。这就要求高等职业院校与参与乡村建设的企业、设计单位以及政府机构建立稳固的合作关系，共同打造具有行业特色的课程体系与实践项目。例如，可以通过校企联合设立校外实训基地，使学生能够参与实际的乡村建设项目，通过实战来增强他们的技术技能和创新思维能力。

第三，推进课程内容和教学方法的更新，以更紧密地对接乡村建设的具体需求。这涉及课程设置的精细化、教学内容的实际项目融合以及教学手段的创新。乡村振兴的推进将促进高职院校建筑设计类专业实践教学模式的创新。乡村建设项目的实施为学生提供了大量的实践机会。例如，在课程规划上，可以开发与当地乡村建筑遗产相关的特色课程，使学生在掌握现代建筑设计技能的同时，也能深入认识和传承传统建筑文化。在教学方法上，可以实施以项目为核心的教学模式，激励学生通过团队协作来解决乡村建设的实际问题，以提高学生的实践能力和创新能力。例如，可以开设以乡村建设为主题的实践课程，让学生参与具体的设计项目，并通过实践加深对理论知识的理解和应用。

第四，需要构建一支既具备理论知识又掌握实践技能的"双师型"教师队伍。这样的教师团队能够将丰富的行业操作经验和前沿的设计理念融入教学过程中，从而提高教学质量。同时，还能有效地支持乡村建设相关的科研工作，推动科研成果的实际应用。对于教师个体而言，应不断加强其参与产学研创活动的能力，通过项目合作、学术研讨等途径，确保教育教学与行业的紧密互动。此外，乡村振兴的实施将促进高职院校建筑设计类专业与地方政府和企业的合作。通过与地方政府合作，专业可以更好地了解建设的政策方向和发展需求；通过与企业合作，本专业可以为学生提供更多的实习和就业机会，并为专业的教学和研究提供实践案例和数据支持。

最后，应重视对学生创新创业能力的培育。通过校企合作项目、创业实践等活动，激发学生的创业激情，培育他们的创新精神和创业技能。这不仅对学生个人的职业生涯有益，也为乡村建设带来了新的动力。此外，在乡村振兴背景下，创新创业能力的培养将成为高职院校建筑设计类专业的重点方向。乡村建设中，建筑物的多样性和地域性要求设计师具备较强的创新能力，能够结合当地自然环境和文化特色进行创新设计。因此，专业教育应加强创新思维和方法的培养，鼓励学生进行创新设计，以满足乡村建设的实际需求。

深化产教融合对于高职建筑设计类专业在乡村振兴背景下的作用至关重要。在乡村振兴的背景下，高职院校建筑设计类专业的发展趋势将体现在服务领域的拓展、实践教学模式的创新、创新能力的培养以及与地方政府和企业合作的深化。通过加强校企合作、更新课程内容与教学手段、构建"双师型"教学团队，以及培养学生的创新创业能力，可以有效地提升人才培养的质量，为乡村建设提供有力的人才支持，为未来的乡村建设培养更多的高素质设计人才。

（二）校企合作多元化

在乡村振兴背景下，高职建筑设计类专业的产教研创融合对于提高专业人才的综合能力、适应地方发展需要具有深远影响。作为达成这一目标的主要手段，校企合作形式的多样化能够确保教学内容与现实的关联，增强实践技能的针对性和实用性。首先，校企合作能够为学生创造大量实习实训机遇，让学生有机会直接投身于实际的工作项目之中，进而提升他们的专业技能和实践能力。在这一过程中，企业不仅为学生提供了实践操作的舞台，同时也能通过实习生的参与为自身带来新的活力，实现学校与企业的共赢。其次，多样化的校企合作模式有助于实现课程内容与产业需求的有效对接。在校企合作的体系内，可以根据行业发展趋势灵活调整课程结构，更新教学素材，确保课程内容的先进性和适用性。此外，企业的介入还能更具体地针对学生在实际操作和设计思维方面的不足提供解决方案。再次，企业的参与能够为教学提供真实的问题情境和案例，使学生能够在处理实际问题的过程中获得学习和进步。例如，在开展建筑设计专业的课程教学时，可以结合企业正在进行的乡村建设项目，让学生参与到项目的方案设计、成本估算、施工安排等各个阶段，通过项目化的教学方法进行实践性学习。此外，校企合作方式的多样化还表现在共同编写教材、联合开展科研项目、共同举办技术论坛等多个层面。这种合作不仅能够丰富教学素材，还有助于增进教师与行业专家之间的互动，提升教师对行业动态的敏感度和科研创新能力。最后，校企合作方式的多样化还能促进创新创业教育与专业教育的深度结合。企业能够为学生提供实际的创新创业项目，使学生能够在理论和实践、设计与实施等多个层面进行创新创业教育的实践操作。这样的方式不仅有助于提高学生的创新创业技能，也为乡村的建设和发展注入了新的活力和动力。

校企合作方式的多样化是高职建筑设计类专业推进产学研创一体化的关键路径。借助校企合作，能够将教育资源、企业资源、教学大纲与产业需求紧密相连，从而提升人才培养的质量和效率，为乡村振兴战略的推进提供人才和智力支撑。

（三）专业特色鲜明

在乡村振兴背景下，高职建筑设计类专业的产教研创融合研究与实践不仅是对教育改革的响应，也是对国家战略的积极回应。本专业的特色鲜明地体现在以下几个方面。第一，在培养学生的实践能力上，专业通过与企业的合作，使学院与地方的建筑设计公司、规划单位等建立了紧密的合作关系，使学生有机会投身于实际项目中，实现了从理论到实践的平稳过渡。借助"乡村振兴背景下桂西北壮族传统民居文化与现代设计研究"等科研课题，学生的创新思维和实践能力得到了显著增强。第二，该专业紧密对接国家乡村振兴战略的需求，将乡村振兴的工程项目与课程教学紧密融合，突显了学生专业学习的现实意义。以"河池三堡村堡上屯传统民居改造设计"等案例为引导，学生能够在设计实践中直接为乡村振兴的需求提供服务，这不仅锻炼了学生的综合设计技能，也让他们对乡村建设的理解和认识更加深入。第三，该专业在教学中积极推动与创新创业教育的融合。通过将课程教学与创新创业项目相结合，有效激发了学生的创业精神和创新潜能。例如，可鼓励学生参与"未来设计师·全国高校数字艺术设计大赛"等竞赛活动，这样的经历不仅丰富了学生的实践操作经验，也提升了他们将创意转化为实际项目成果的能力。此外，该专业在师资队伍建设方面也展现出其独特的优势。通过整合了解地方建筑文化的设计专家、具备研究能力的专业教师以及具有创新创业教育专长的教师，构建了一个集"研究、生产、教学、创新"于一体的综合教学团队。这样的师资队伍不仅能够从多个维度传授知识，还能够促进学生的全面成长，为乡村振兴战略提供全方位的人才支持。第四，该专业在教学内容和方法上持续进行创新。通过将教师的研究成果融入课堂教学、优化课程模块设计、更新教学内容等措施，实现了课堂教学与实际应用、科研创新的紧密对接。学生在学习理论知识的同时，也学会了如何将这些理论应用于实际的乡村建设中，从而提升了专业知识的实践性和应用价值。

在乡村振兴背景下，高职建筑设计类专业产学研创融合研究与实践，不仅在人才培养方面展现了鲜明的时代感和针对性，而且通过课程内容的创新、教学方法的改革以及与企业的深入合作，塑造了专业的教育特色，为培养符合乡村振兴需求的设计专业人才提供了坚实的支撑。

第三章 产教研创融合的理论与实践剖析

第一节 产教研创融合的概念与内涵

一、产教研创融合的概念解析

（一）产教研创融合的定义

在当前教育和经济发展的背景下，产教研创融合逐渐成为高等教育领域的趋势。所谓的产教研创融合，是指产业、教育、科研、创新四个方面的深度融合，形成互动、共享、共赢的复合体。这种模式强调理论与实践、教育与产业、研究与创新紧密结合，旨在优化教育资源配置，提高教育质量和服务社会的能力。具体来说，产教研创融合中的"产"指的是产业领域，涉及与建筑设计相关的公司、设计院、施工企业等实体。这些实体拥有大量的工程实践经验和市场动态信息，能够为教学提供实际案例和项目，并且为学生提供实习、实践和创新创业的机会。"教"涉及教学过程，包括课程开发、教学执行、教学评价等方面，这要求教师不仅要具备扎实的专业知识基础和一定的教学技巧，还需要有与产业界交流合作的能力。"研"指的是以问题为中心的研究工作，它注重理论与实践的结合，通过科学研究来解答行业发展中遇到的问题，推动知识创新和技术发展。"创"则是指创新精神和创业技能的培养，激励学生将所学知识运用于解决实际问题，创造出新的方法、技术和产品。

产教研创融合的核心在于"融合"。主要是指产教融合，即教育资源和产业需求的结合。这种结合使学生能够在真实的工作环境中学习，而企业也可以通过这种方式培养所需的人才，实现教育的实用性与就业需求的有效对接。其次是科教融合，即研究成果的转化与应用。通过将研究成果转化为实际产品或服务，可以加快技术创新步伐，提升研究成果的价值。再次是创教融合，即创新教育的实践。通过项目式和问题式的教学方法，可以激发学生的创新思维，培养他们的创新能力。

产教研创融合是一种面向市场需求的教育模式，旨在提高教育水平并服务社会。在乡村振兴背景下，高职院校建筑设计类专业应积极探索和实践产业、教育、研究与创新一体化的道路，以更好地服务地方经济社会发展，培养符合新时代需求的高素质人才。产教研创融合是高职院校建筑设计类专业在助力乡村振兴过程中应当积极探究和实践的教育策略。采纳这一策略，不仅能够为行业输送更多满足实际需求的应用型、创新型人才，也能为学生的职业生涯拓展更加宽广的路径。

在乡村振兴背景下，高职院校建筑设计类专业的产教研创融合形成了多层次、多方位的教育体系，其着重于高等教育与产业界、科研机构、技术创新以及创业活动之间的紧密联系与相互作用。该教育体系的核心目标是依托资源共享、优势互补和共同参与，以实现教育资源的最优配置和人才培养质量的不断提升。

在乡村振兴的背景下，实施产教研创融合具有重要意义。乡村振兴需要大量的规划设计与技术支持，而高职院校建筑设计专业可以精准培养所需的专业人才。通过产教研创融合的深度融合，高职院校教育能够更紧密地结合实际需求，不仅提高学生的实践能力和创新能力，还能促进当地社会经济的可持续发展，实现教育的社会服务功能。

在乡村振兴的大背景下，产教研创的结合显得尤为关键。乡村发展亟需创新性、实用性强的设计理念和技术解决方案，这对高职院校建筑设计类专业的教育体系提出了更高要求。不仅需要重视理论教育和基础技能的培养，更需加强教育与乡村建设实际需求的衔接。通过校企合作、项目合作等途径，使学生能够亲身参与具体的乡村建设项目，进而提升他们解决现实问题的能力。

以高职院校建筑设计类专业为例，通过以下几个方面可以实现产业、教育、研究与创新的一体化。首先，要建立校企合作模式，让学生参与真实的乡村建设项目，通过实践经验提升专业技能。其次，要将建设成果转化为教学内容和实验项目，以加强学生的实际操作能力。再次，要鼓励学生参与创新项目，如乡村规划与设计，以培养他们的创新思维和解决实际问题的能力。最后，通过校企合作，将课程与实际项目相结合，以增强课程的适用性和实用性。

推行产教研创融合的教育模式，需从多个角度发力。例如必须打造一个开放的教育生态系统，促进教师、学生与行业企业之间的紧密合作与互动，并建立稳定的校企合作机制。同时，要积极应对课程体系进行模块化改革，将行业需求融入课程之中，确保学生能够将理论学习和实践技能学习相结合。此外，要建立一套有效的激励和评价体系，激励教师投身产教研创活动，鼓励学生参与创新创业，通过这些活动激发学生的学习热情和创新思维。除此之外，还需构建一个信息共享平台，以促进教育资源、科研成果与市场信息的高效流通和应用。

（二）产教研创融合的特点

在乡村振兴背景下，高职建筑设计类专业的产教研创融合是指将产业、教学、科研和创业这四个领域相结合的人才培养模式。该模式的特点主要体现在以下几个方面。

1. 与乡村振兴的实际需求相结合

产教研创融合的一个显著特征是它与乡村振兴的实际需求紧密相连，强调将行业实践与教学、科研活动相结合。这一模式要求学生在学习过程中紧贴产业发展的实际需求，将所掌握的知识和技能具体应用于项目操作中，以此提升学生的实际操作能力和创新思维。例如，在室内设计专业课程中，教师可以将有关当地乡村建筑文化相关的科研成果整合到课程内容中，让学生在学习过程中不仅理解乡村建设的具体需求，还能直接参与到乡村建设实践中，实现理论知识与实践应用的有效结合。

2. 课程设计与执行是关键环节

产教融合的课程设计与执行是这一模式的关键环节。课程内容的设计应与乡村振兴的项目需求相契合，通过具体的设计案例和项目任务，引导学生在解决实际问题的过程中学习和掌握关键的专业技能。课程模块的安排应具备灵活性和多样性，如乡村庭院设计、民宿设计等，这些模块都是围绕乡村建设的具体需求来设计的，旨在提高学生的实践能力和创新思维。

3. 注重将创新创业教育融入传统的建筑设计专业

院校着重于将创新创业教育融入传统的建筑设计专业教学中，通过开设跨学科课程、举办创新竞赛、建立创业孵化平台等手段，不仅能够加强学生对专业知识的掌握，还能够激发他们的创新思维和创业精神，从而全面提升学生的创新创业素质和能力。

4. 要求教师在教学过程中兼顾教育、科研、产业、创新等多个层面的需求

教师不仅需要具备扎实的专业知识和高超的教学技巧，还应当拥有一定的行业实践经验以及创新创业的辅导能力。这意味着教师需要不断提升自身的全面素质，以适应这一模式的高标准要求。

5. 校企合作的深度和广度是重要影响因素

产教研创融合的特点还表现在校企合作的深度和广度上。通过与乡村建设相关的企业、规划机构等建立紧密的合作关系，可以为学生提供更多的实践学习机会，同时也为教师的科研项目提供真实的社会应用场

景，增强了科研成果的实用性和转化率。

产教研创融合的关键特征包括与乡村振兴实际需求的紧密结合、课程设计的实用性和创新性、教师能力的全面提高，以及校企合作的深入扩展。采用这种教育模式，能够有效地培育出既拥有扎实专业技能又具备创新和创业能力的建筑设计专业人才，从而为乡村振兴战略的实施提供必要的人才支持和智力支撑。

（三）产教研创融合的意义

在乡村振兴背景下，高职建筑设计类专业中产教研创融合不仅是教育革新的方向，也是提升人才培养水平、助力地方经济社会发展的重要手段。产教研创的深度结合，对于培育能够满足乡村建设需要的应用型、创新型人才具有至关重要的意义。

1. 有效减少教育与实际应用之间的差距

产教研创的融合能有效减少教育与实际应用之间的差距，确保教学大纲和实操训练更符合乡村建设的具体要求。借助校企合作平台，可以将企业的真实项目引入课程，使学生能够在实际设计项目中学习和锻炼，进而增强学生的实际操作能力和创新思维。同时，教师通过参与企业项目研发，能够将前沿技术、理念和管理方法融入教学，增强教学内容的时效性和前瞻性。

2. 有助于构建一支兼具理论知识和实践经验的"双能力型"教师队伍

教师通过投身于项目设计和研发工作，不仅能增强自身的实务操作能力，还能将实践经验与课堂教学相融合，开发出具有特色的教学模式和内容，从而提升学生的实操技能和综合素养。

3. 有助于教学资源的合理配置和创新能力的增强

以项目为核心的教学活动能够激发学生的兴趣，锻炼他们的问题解决技巧和创新思维。这不仅提高了学生的自身的就业竞争力，同时也为乡村振兴贡献了新的视角和解决方案。

4. 产教研创的融合构成了培养应用型人才的有效路径

乡村振兴战略的实施迫切需要一批既懂技术、擅长设计，又能创新的应用型专业人才。通过产教研创的结合，学生能够在实际环境中进行学习和实践，这样不仅能够让他们掌握坚实的理论基础，还能通过项目实操获得创新设计的启发和方法，从而培养出能够为乡村建设提供全方位服务的复合型专业人才。

此外，产教研创的融合不仅有助于提升教育教学的品质和效率，推动人才培养模式的革新，还能为乡村振兴战略的推进提供必要的人才和技术支撑。因此，高等职业院校的建筑设计专业应当积极探究并落实产学研创一体化的人才培养模式，以满足乡村振兴的发展需求。

二、产教研创融合的核心要素

在乡村振兴的背景下，高职院校建筑设计类专业的产教研创融合已成为提升教育质量、促进地方经济发展的关键途径。产教研创融合有如下几个核心要素。

（一）产业需求

在乡村振兴背景下，高职建筑设计类专业的产教研创融合不仅是教育领域的迫切需求，也是产业发展的必然选择。目前，乡村振兴为建筑设计专业带来了新的发展机遇，同时也对该专业的人才培养带来了新的考验。

"产"是产教研创融合的核心要素之一，即产业需求。高等职业教育应紧密结合区域产业发展的需求。通过与企业的密切合作，了解企业对人才培养的具体要求，从而调整课程与教学内容。例如，学生可以通过企业实习和项目合作，在实践中学习，增强解决实际问题的能力。

随着乡村振兴战略的持续推进，乡村建设的市场需求展现出多样化和个性化的发展趋势，这对建筑设计类专业人才提出了更高要求。这些要求不仅局限于传统的建筑设计技能，更强调人才应具备的创新思维、项目管理技能以及很强的环境适应能力。首先，乡村建设不仅仅是简单的房屋建造，它更侧重对建筑文化的继承与发展，以及对建筑功能多元化的追求。这要求设计师不仅要拥有扎实的专业理论基础，还要能够融合当地的文化传统和自然条件，实现设计的创新。其次，乡村建设项目管理的复杂性日益凸显。一个项目的完成，不仅仅依赖于设计的美观与功能性，还涉及项目管理、施工流程、成本控制等多个方面的综合协调。因此，建筑设计类专业的毕业生不仅需具备设计技能，还需掌握项目管理的基本方法与能力。最后，鉴于乡村建设项目通常具有较小的投资规模，其审批流程也可能与城市项目有所差异，因此，建筑设计类专业的人才还需要具备一定的沟通协调能力，以便更好地适应不同的工作环境和项目要求。

针对乡村振兴背景下的产业需求，高职建筑设计类专业应当采取以下策略以满足行业的发展要求。一是课程体系的优化与更新。课程设置应更多地融入乡村建设的案例分析、传统建筑文化的传承与创新等内容，强化学生的实践能力和创新能力的培养。二是教学方法的创新。采用项目驱动的教学方法，鼓励学生参与真实的乡村建设项目，通过实践学习，提高其项目管理和解决实际问题的能力。三是校企深度合作。与乡村建设相关的企业建立紧密的合作关系，通过实习、实训、订单式培养等方式，让学生更好地了解市场需求，提前适应未来的工作环境。四是创新创业教育的融入。在培养学生的设计能力的同时，加强其创新创业能力的培养，鼓励学生开展乡村建设相关的创业项目，增强其将设计理念转化为商业价值的能力。

通过上述策略的实施，可以有效地提升高职建筑设计类专业的人才培养质量，为乡村振兴战略的推进提供坚实的人才保障。此外，这也为学生的职业生涯拓展了更宽广的路径，实现了教育、教学、生产、科研与创业的深度融合和互动发展。

（二）教育资源

"教"是指教学方法和教学内容的改革。在传统的教学模式下，学生往往被动接受知识，缺乏主动探索和创新的意识和空间。因此，高等职业教育需要推动教学方法的创新，如采取项目式教学和案例式教学，以激发学生的学习兴趣和创新思维。同时，教学内容也应与时俱进，融入与乡村振兴相关的理论和实际案例，以培养学生相关方面的能力。

在乡村振兴背景下，高职建筑设计类专业的教育资源是指那些能够服务于产教研创融合并促进学生、教师和企业等各方面能力提升的各种学习、研究和创新资源的集合。这些资源在培养能够满足乡村建设需要的应用型、创新型人才方面具有重要作用。

教育资源的配置和利用是高职教育的重要内容，特别是在培育能够为乡村建设提供服务的应用型专业人才方面，教育资源需具有全面性、多样化特征，并且要符合现代乡村建设的具体需求。这些资源涉及课程资源、实训基地、教师团队、科研课题以及创新与创业平台等多个方面。

在课程资源建设方面，要把课程资源的完善作为人才培养的关键任务。课程资源的创新与迭代是提升教育品质的根本。课程作为教育的核心，其设计是否能够体现乡村建设的新趋势，是否能够整合前沿的行业技术与方法，直接影响到学生技能的培养。这就要求课程开发团队要紧密关注乡村建设的进展，将乡村振兴战略的具体需求和实际案例融入课程之中，并结合建筑设计专业的特性，持续地对课程内容进行更新和完善。

同时，构建实践教学基地是推进产教研创融合的重要基础。这些基地应当涵盖从理论学习到实践应用的全链条，涉及模拟企业设计流程的实验室、仿真实训环境的工作室以及与企业共同设立的实习场所等。通过这些实践教学基地，学生能够将课堂上学到的理论知识与实际操作技能相结合，从而增强解决实际问题的能力。教师也可以利用这些平台开展科研活动，提升自身的科研能力，并为学生提供更加深入的实践指导。

此外，打造一支高素质的教学团队是提高教育品质的核心。理想的教学团队应当由理论知识深厚、实践经验丰富、创新能力突出的教师和行业专家组成。这样的团队不仅能够保障教学活动的高效进行，还能为学生创新思维和实践技能的提升提供必要的帮助。同时，教学团队的建设应当顺应乡村建设的需求，通过培训、引进等途径不断促进教师专业水平和创新能力的提升。

在科研方面，科研项目扮演着促进教育、教学、研究与创新能力深度整合的关键角色。高等职业院校应当激励教师积极参与或牵头开展与乡村建设相关的科研课题，通过项目化的方式，将理论教学与实际应用、教学活动与科学研究、创新思维与实践操作紧密结合，从而提升学生的创新精神和实际操作能力。

与此同时，值得引起重视的是建立创新创业平台，它是激发学生创新精神和创业潜能的有效载体。平台可能包括创业孵化器、创新实验室或创业比赛等多种形式，它们为学生提供了将创新想法转化为具体项目的实验场所。在这些平台上，学生能够接受行业专家的指导，获取市场的直接反馈，并通过实践操作来锻炼和提高自己的创新创业技能。

（三）创新能力

在乡村振兴背景下，高职建筑设计类专业的学生不仅需要掌握过硬的专业知识和技能，还应当具有一定的创新精神。所谓创新，指的是在传统基础上进行改进、创造。对于学习建筑设计的学生而言，创新能力的塑造不仅影响他们的职业生涯，更是乡村振兴战略成功与否的关键，同时也是推动传统建筑文化传承与创新的重要环节。

为了培养学生的创新能力，必须营造激励创新的学习氛围。在这样的氛围中，学生能够无拘无束地实现自己的设计理念，勇于探索新的思路和方法。此外，通过校企合作的方式，将企业面临的现实挑战融入课程教学，使学生能够在处理实际问题的过程中运用创新思维，实现理论与实践的有机结合。

在人才培养中，课程的安排应着重于学生创新能力的培养。这要求课程内容中包含创新创业的相关要素，比如开设创新创业相关课程、实施项目式学习、组织设计竞赛等，这些方式能够有效激发学生的创新思维和创造力。通过投身于实际的设计项目，学生能够将所学理论应用于实践操作，并在这一过程中不断磨炼和提升自己的创新能力。此外，创新创业教育是培养学生创新设计能力的关键。教师不仅需要具备过硬的专业技能，还需要拥有先进的创新创业教育理念。在乡村振兴的背景下，高职院校建筑设计类专业的学生应具备一定的创新创业能力，能够参与乡村建设项目，提供创新设计和解决方案。通过开设创新创业相关课程，建立创业孵化基地，可以激发学生的创业热情，提高他们的创新创业能力。

在教育教学活动中，教师应当鼓励学生进行独立思考，勇于提出问题，并指导学生通过探索和实践来寻找解决问题的方法。同时，教师也应持续吸收新的教育理念和技术，以便为学生提供更加丰富的学习方式。

与此同时，构建一个科学且合理的实践教学体系对于提高学生的创新能力至关重要。通过投身于真实的设计项目、参与竞赛设计或进行创新实践活动，学生能够将课堂上学到的理论知识转化为实际应用。在实践过程中，学生将经历发现问题、分析问题直至解决问题的完整周期，这一过程能有效激发学生的创新思维和提升创新能力。

在人才培养质量评价中，评价机制需要与创新能力的发展相融合。常规的教学评估通常将考试成绩作为核心评价标准，然而，为了激励学生的创新能力，评价机制应当实现多样化。它不仅应当考虑设计作品的成熟度和技术的精确性,还应当涵盖设计的创新程度、实际应用价值以及在执行过程中的操作实践性等方面。

(四) 研究能力

高等职业教育不仅需要培养学生的研究能力,还需要激发他们的创新精神。通过开展研究项目和技术创新活动,鼓励学生进行创新设计以解决实际问题,增强他们的研究创新能力。产教研创融合的核心要素包括产业需求、教学方法和内容的改革、研究与创新、创新创业教育。在乡村振兴背景下,高职建筑设计类专业在培养学生创新能力方面应采取全方位的措施,如营造创新的学习氛围、更新课程设置、强化教师创新意识的培养、构建科学的实践教学体系以及改进评价方法等。这些举措将有效提升学生的创新能力。只有将这些要素有效地整合成一个有机整体,我们才能真正实现高职建筑设计类专业的教育改革和人才培养目标,为乡村振兴提供人才和技术支持。

三、产教研创融合的发展历程与现状

(一) 发展历程

乡村振兴背景下高职院校建筑设计类专业产教研创融合研究与实践经历了一个持续发展、逐步完善和深入挖掘的过程。其关键在于通过产教研创的紧密联动,培育出能够满足乡村振兴需求的建筑设计专业人才。在乡村振兴的背景下,产教研创在高职院校建筑设计类专业中的融合已成为教育改革和区域发展的关键。

在早期阶段,高职院校建筑设计类专业的发展步伐较为缓慢,主要由于受到教育资源限制和与乡村建设联系不紧密的影响,使得教学内容与实际操作难以匹配乡村振兴的现实需求。由于资源和认知限制,高职院校建筑设计类专业的教学与产业实践之间存在严重脱节,毕业生无法满足产业的实际需求。为了解决这一问题,国家和地方政府开始推动产教融合，鼓励并引导职业院校与企业深度合作，共同培养满足产业发展需求的应用型人才。同时，教师团队的专业水平和教学方法也未能及时跟上行业发展的步伐，这在一定程度上制约了人才培养的成效。

随着乡村振兴战略的提出与实施，相关行业对高职院校建筑设计类专业人才的需求激增。为满足这一需求，相关教育机构开始致力于产教研创融合的探索与实施，希望通过教育改革为乡村建设和发展提供更优质的服务。

在此过程中，相关主管部门出台了一系列政策，如《关于深化产教融合若干意见》，为产教研创的发展提供了政策支持。职业院校积极探索实践教学与产业需求的结合点，如建立产教融合实训基地、组建产业学院、引入企业项目等。这些措施有效提升了学生的实践能力和创新能力。

进入新的发展阶段，高职院校建筑设计类专业在产教研创融合的道路上进行了积极的尝试和探索。具体来说，通过以下几个方面的创新与改革来推进。

课程设置与教学内容的改革。在保留传统教学内容的基础上，引入与乡村振兴紧密相关的项目和案例，使课程内容更具针对性和实用性。例如，开设专门的"乡村建设"或"民族建筑保护与创新"课程模块，让学生能够直接参与到与乡村振兴相关的设计项目中。

教师队伍的结构优化。为使教师队伍更好地适应产教研创的需求，不仅对现有教师进行专业培训，提升其实践能力和科研水平，而且通过引进企业设计人才和行业专家，优化教师队伍的结构，使之能同时具备教学、研究和产业实践的能力。

加强校企合作，构建实践教学平台。与乡村建设有关的企业和机构建立紧密的合作关系，共同开发项目，建立校外实践基地，为学生提供更多接触实际项目、参与实践操作的机会。

创新创业教育的融入。将创新创业教育融入传统的教学中，鼓励学生自主创业，开发符合乡村建设需求的设计作品和项目，提升学生的创新精神和创业能力。

教学方法和评价方式的创新。采用项目驱动、案例教学、线上线下结合等多样化的教学方法，提高学生的参与度和学习效果。同时，建立多元主体参与的教学评价体系，全面评价学生的学习成效和专业能力。

总之，高职院校建筑设计类专业在产教研创融合的发展历程中，应不断地通过教育改革和实践探索，以满足乡村振兴战略对该领域人才的需求，为乡村建设和持续发展提供人才支撑。下一步，该专业的发展将更加侧重于与乡村建设的深度结合，通过不懈的创新与实践活动，打造出更为高效的人才培养范式。

（二）发展现状

高职院校建筑设计类专业在乡村振兴背景下的产教研创融合发展已具备一定基础。在课程内容革新、产教研创平台打造、师资队伍建设、评价体系构建以及人才培养质量提升等方面均有创新，同时也为乡村振兴战略的推进提供了坚实的人才支撑。尽管如此，这一进程中仍面临若干问题和挑战，例如，教师队伍建设亟待加强，校企合作的深度和广度有待进一步拓展，教学资源的整合与优化仍需深入探讨。在乡村振兴背景下，高职院校建筑设计类专业的产教研创融合研究与实践正在不断发展和完善。通过校企合作，学生可以直接参与企业的实际项目，从而增强其实践能力和创新思维。与此同时，企业通过与职业院校合作，满足了自身的人才需求，也获得了技术创新的智力支持。此外，这种模式还促进了教学内容和企业技术的革新，提高了教育的相关性和实用性。当前，该领域的发展现状具体体现在以下几个方面。

一是教学内容的革新与乡村特色的融合不够紧密。面对乡村振兴战略的需求，高等职业院校建筑设计类专业的教学内容与地方乡村发展联系不够紧密。不仅表现在课程内容的改革上，还体现在教学方式上，难以提升学生的实际操作能力和创新思维。此外，科研项目与教学活动结合也不够紧密，教学内容不能够反映最新的学术进展和行业实践，不能提升教学的精准度和实效性。

二是产教研创平台的构建不完善。高等职业院校与企业之间的合作不紧密。校内外缺乏各种实践教学平台，如虚拟现实实验室、建筑装饰技术实训中心等，学生难以获得丰富的实践机会，难以促进其专业技能的增强和实践能力的提升。此外，校企合作模式下，企业难以参与到教学大纲的编制过程中，教学内容与企业需求没有紧密对接。

三是教师团队的建设和专业人才培养模式有待改进。高等职业院校缺乏具有实战经验的企业设计人才和对教师的专业化培训，缺乏一支既有创新创造精神又具备专业能力的"双师型"师资团队。在人才培养方面，学校更加着重于学生全面素质的提升，加强实践教育和技能训练，以实现乡村振兴所要求的创新型人才培育目标。

四是教学评价机制有待建立和完善。然而，目前缺乏一个包含企业、教师、学生等多方参与的综合性教学评价系统，导致无法形成一个高效的教学质量和成效的评估与反馈流程。这不利于及时识别教学过程中的不足，并提出相应的改进策略，从而难以保障教学质量的提升。

此外，产教研创融合的深入发展仍需思考一些问题。例如，如何进一步提升校企合作水平，如何确保合作的可持续性，以及如何确保学生能够真正融入企业的实际工作。评价体系的完善也是推动产教研创融合深入发展的关键。有必要构建合理的评价机制，以促进学生、企业和学校的共赢。

从目前发展状况来看，在乡村振兴背景下，高职院校建筑设计类专业产教融合教育取得了一定进展，但仍需不断探索和完善。通过深化校企合作，完善人才培养机制，可以更好地满足乡村建设对人才的需求，为当地经济社会发展做出更大贡献。

（三）存在问题

在乡村振兴背景下，高职建筑设计类专业在产教研创的融合发展过程中，存在一系列的问题。不仅关乎教育质量和教学效果，也关系到能否有效地培养符合乡村振兴需要的创新型、技术技能型人才。

一是教学内容设计存在局限性。高职院校建筑设计类专业的教学内容往往偏重传统内容，未能充分融合乡村地区独特的民族建筑文化。这种状况使得学生在面对乡村振兴的现实挑战时，其专业知识和技能的针对性和实用性不足。特别是在保护和创新发展乡村民族建筑文化方面，学生的能力较为欠缺，这与乡村振兴对专业人才的需求之间存在显著差距。

二是教师教学科研与乡村发展结合不紧密。当前，教师所承担的科研成果向教学内容的转化以及教学实践的应用存在一定障碍，导致教学活动与乡村建设的具体需求之间衔接不紧密。另外，教师的科研聚焦点可能与乡村振兴的实际需要不完全吻合，这一点也在一定程度上制约了学生创新能力和创新思维的培养。

三是专业教育与创新创业教育融合不足。在现有的教学模式下，专业知识的教学往往未能有效融入创新创业的要素，导致学生在创新精神和创业能力的培养上不够充分。

四是产教研创融合和校企合作推进面临挑战。高职建筑设计类专业在推进校企合作和产教研创融合方面仍然面临着一些挑战。比如，校企之间的合作模式较为单一，缺少长期稳定的合作框架和评估体系，这制约了双方合作的深度和范围。部分高职院校的教师队伍建设也有所滞后，教师缺乏足够的企业实战经验和技能熟练度，这直接影响了教学品质和学生实践技能的提升。同时，不合理的实习安排也削弱了学生的实习成效，进而影响了学生创新创业能力及就业竞争力的培养。

高职建筑设计类专业在产教研创融合的探索与实施中遭遇的问题涉

及多个领域,包括教学内容、教师科研、创新创业教育、校企合作以及政策扶持等。为了高效应对这些挑战,有必要采取系统性、多角度的策略,增强政策引导与支持,完善校企合作体系,强化教师团队构建,革新教学方法和工具。目标是培育出既掌握专业知识和技能,又拥有创新精神和创新能力的人才,为乡村振兴的实际行动作出贡献。

第二节 产教研创融合的理论基础

一、协同创新理论

协同创新理论是一个关于知识创造、转化和应用的现代概念。它强调通过多个主体(通常是组织或个人)的合作来解决问题和创造新知识的过程。该理论的核心观点是,创新不是单个实体的孤立行为,而是不同知识领域、技能和资源的结合,通过合作与交流来实现。协同创新理论的出现为传统教育和研究方法提供了新的视角。特别是在高等教育与产业密切结合的背景下,该理论为培养满足社会需求的人才提供了有效途径。

在乡村振兴背景下,高职建筑设计类专业的研究中产业、教育、研究、创新的融合,需要深入理解和应用协同创新理论。首先,这一过程中的"产业"指的是工业部门,特别是与建筑设计相关的企业;"教育"指的是高等教育机构,即高职院校;"研究"代表学术研究,包括基础研究和应用研究;"创新"指的是技术、管理、服务等多方面的创新。这四个方面的融合可以形成一个良性创新生态系统,为乡村振兴提供人才和技术支持。

在协同创新过程中,高职院校建筑设计专业的学生不仅有机会与产业互动，还能在真实的工作环境中学习和实践，有助于提高他们的实践能力和创新能力。同时，教师和研究人员也可以通过与相关企业的合作，将研究成果转化为实际的产品和服务，提升其研究的社会价值和经济效益。此外，企业也可以通过这种方式获得所需的创新人才和支持，从而提升自身竞争力。

为实现进行协同创新，需要建立有效的合作机制和平台，包括但不限于校企合作、产教研创合作和跨学科合作。同时，应建立有效的知识产权保护和利益分配机制，以确保各方利益，促进合作长期稳定发展。

总之，协同创新理论为高职建筑设计类专业研究中产业、教育、研究、创新的融合提供了理论框架和实践路径。通过这种模式，不仅可以培养满足乡村振兴需求的创新人才，还可以促进学术研究与产业发展的深度融合，实现知识、技术与创新的有机融合和共同发展。

二、威斯康星思想

乡村振兴战略作为我国新时代解决"三农"问题的重要战略举措，旨在实现乡村全面振兴，促进城乡融合发展。在此背景下，高职建筑设计类专业的教育改革与实践活动也需要与时俱进，以满足乡村振兴的人才需求。

20世纪60年代，美国威斯康星大学的教育工作者提出了"教学、学习、研究是一个有机整体，而不仅仅是独立过程"的教育理念，即"威斯康星思想"。威斯康星思想强调教育、产业和研究的紧密结合，即"教学、学习和研究"的一体化，以培养学生的创新精神和实践能力。

在乡村振兴背景下，高职建筑设计类相关专业领域产教研创融合是威斯康星思想的具体实践。具体而言，可以从以下几个方面进行探索：将课程设计与产业需求对接，例如增加乡村规划与设计、乡村建筑设计等与乡村振兴密切相关的课程；以乡村振兴相关项目为驱动开展实践教学,让学生在实际项目中学习和应用知识;将研究工作与区域发展相结合,鼓励师生参与乡村振兴项目,为当地提供智力支持;推进创新创业教育一体化,培养学生的创新意识和能力,鼓励他们将所学应用于乡村建设实践;加强校地合作与协同发展,与当地乡村振兴规划部门、建筑设计公司等机构建立紧密的合作关系,通过资源共享、项目合作等方式,促进教育、产业、科研的深度融合。总之,威斯康星理念为高职建筑设计类专业产学研用一体化提供了理论指导和实践路径。在乡村振兴背景下,将威斯康星理念融入专业建设与发展中,可以有效提升人才培养质量,促进区域经济可持续发展,实现乡村振兴战略目标。这一过程不仅需要学校教学的改革与创新,还需要政府、企业等社会各方的参与,共同推动乡村振兴。

三、陶行知教育理论

陶行知的教育理论是中国现代教育史上的里程碑。其精神和理论体系对乡村振兴背景下高职建筑设计类专业产教研创融合研究具有重要的启示。作为著名的教育家和思想家,陶行知的"生活即教育,教育即生活"理念为产教研创融合的实施提供了理论支持和实践路径。

陶行知的"生活即教育"观点打破了教育与生活的传统界限,强调教育应与生活紧密相连。在高职建筑设计类专业的教学过程中,这一点启发我们将实践教学融入常规教学中。通过让学生参与实际设计项目,我们可以培养他们理论联系实际的能力。这种方法不仅提高了学生的专业能力,还激发了他们对专业的兴趣和热情。其次是"教育即生活"。该理念强调教育的目的是改善生活。这为高职建筑设计类专业产教研创融合研究提供了价值导向。在乡村振兴背景下,职业教育应与当地紧密结合,以乡村建设为实践平台。学生的设计作品可以直接服务于乡村地区的实际需求,实现教育的社会价值。陶行知的"社会即学校"理念强调教育不应局限于校园，而且应融入社会，与社会发展需求相结合。这为高职建筑设计类专业产教研创融合研究提供了实践平台。通过与乡村建设紧密合作，我们可以建立"项目、课程、学生"之间的良性互动机制，有效对接学生的专业技能教育与乡村建设的实际需求。

此外，陶行知的教育理念还强调"教学做合一"，即知识与技能的学习应与实践操作相结合。这对高职建筑设计类专业产教研创融合研究具有重要的指导意义。在实施产教研创融合的过程中，我们应着重培养学生管理能力、团队协作能力和创新思维，使他们能够在实际工作环境中独立解决问题，并具备创新设计的能力。

四、三螺旋理论

在乡村振兴背景下，高职建筑设计类专业中产业、教育、研究与创新的融合已成为学术和实践领域的热门话题。本文重点探讨三螺旋理论在该领域的应用及其意义。社会学家亨利·艾略特·盖茨提出的三螺旋理论指出，传统的线性模型（学术界、产业界和政府）在解决问题时效率低下，但当这三个部门以螺旋方式互动时，它们可以创造更大的社会价值。

三螺旋理论为高职建筑设计类专业的产教研创融合研究提供了一个有效的理论框架。通过这一理论的应用，不仅可以加强教育的实践性、研究的应用性和创新的可持续性，还可以为乡村振兴的战略目标提供更为全面和深入的支持。

对于高职建筑设计类专业而言，三螺旋理论为促进产教研创的深度融合提供了新的视角。在乡村振兴背景下，这些专业的教育和研究工作不仅需要响应市场需求，还需要积极参与实际的乡村建设项目。通过三螺旋模型，可以实现研究的实用性和适用性，以及创新的可持续性。

基于三螺旋理论的产教研创融合可以有效优化教育资源配置。例如，通过与乡村建设相关企业合作，高职建筑设计类专业的学生可以获得实习和实践机会。这不仅提高了专业技能和就业竞争力，还为企业提供了实用的设计和实施方案。此外，三螺旋理论还强调了各领域知识创新的交叉融合。在乡村振兴项目中，建筑师不仅需要应用专业知识，还需要考虑可持续性和环境保护等非传统建筑设计元素。这种跨学科研究不仅可以提高设计的可执行性，还可以增强其创新性和适应性。与此同时，三螺旋理论为高职建筑设计类专业的教师、学者提供了与行业和政府部门密切合作的机会。这种合作关系有助于研究成果的商业化以及政策的实践应用，从而实现知识最大限度的转化。而且，三螺旋理论还强调了政策制定者在这一过程中的重要作用。在乡村振兴背景下，政策制定者不仅需要创造经济效益，还需要促进社会全面发展。因此，高职建筑设计类专业中产教研创的融合可以为政策制定者提供经验和决策参考。

五、三重螺旋模型理论

在乡村振兴的背景下，高职建筑设计类专业的产教研创融合研究具有重大的实践意义。这项研究的核心在于如何将理论教学、实践教学、产品开发以及创新创业教育有机融合，以培养符合时代需求的高素质技术技能型人才。在此背景下，三重螺旋模型理论为高职建筑设计类专业的产教研创融合提供了一个有效的理论框架。通过政府、企业和学术界的密切合作，可以有效促进教育与产业的深度融合，培养更多符合乡村振兴战略需求的高素质技术技能人才。

三螺旋模型最初由社会学家提出，用以描述政府、企业与学术界之间的互动关系。在这个模型中，三方并非孤立存在，而是相互影响、相互作用。具体而言，在高职建筑设计类专业的产教研创融合研究中，我们可以将政府、企业和学术界视为三个螺旋。

政府作为第一个螺旋，主要负责为产教研创融合提供政策和制度保障。政府需要出台相应政策，鼓励和引导企业和学校深入合作，打破产学之间的壁垒，为产教研创融合创造良好的政策环境。同时，政府还需要通过财政支持和税收优惠，激励企业投资于人才培养和科研创新。企业作为第二个螺旋，是产教研创融合的主要主体之一。企业可以通过实习、项目培训和实训课程，为学生提供实践经验积累和技能提升的机会。同时，企业也可以借助学术界的研究能力，进行产品开发和技术创新，以满足自身发展需求。通过开发新技术和新产品，企业可以进一步提升竞争力。学术界作为第三个螺旋，主要负责知识的创新和传播。学术界通过教学、研究和社会服务，不仅向学生传授专业知识，还为企业技术革新提供理论支持和技术咨询。此外，学术界的研究成果也可以反馈到教学中，更新教学内容和方法，提高教学质量。将三螺旋模型应用于高职建筑设计类专业的产教研创融合研究，可以形成一个良性循环的生态系统。政府的政策指导、企业的实践平台以及学术界的创新力量相互促进，共同推动人才培养、技术创新和产业升级。这种模式不仅提高了教育质量和效率，还促进了区域经济的发展，实现了社会、经济和环境的可持续发展。

第三节　产教研创融合实践剖析

一、行业产教研创融合深度实践

（一）行业产教研创融合的分析

在乡村振兴的背景下，高职建筑设计类专业的产业、教学、研究与创新一体化模式显得尤为关键。产教融合应由地方政府与多家建筑设计类专业的高职院校合作实施。其核心宗旨是依托校企合作平台，培育具备实际操作能力和创新思维的高素质技术技能型人才，以支持乡村振兴的发展需求。在项目实施过程中，院校与企业共同拟定周密的合作方案，涵盖了课程设计、实操教学、科学研究、创新活动以及成果应用等多个方面的具体规划。

在课程开发层面，院校与企业携手打造与乡村振兴紧密相连的课程体系，将现实案例和前沿技术整合进教学大纲，确保学生在学习过程中能够接触并熟练掌握与乡村振兴相关的专业知识与技术。例如，在建筑设计课程中，通过结合特定的乡村建设项目，学生可以在设计实践中深入理解乡村振兴的具体需求和所面临的挑战。

在实操教学方面，学生们得以投身于真正的乡村建设项目，如乡村振兴规划、传统村落保护与更新等。通过这些实际操作的经历，学生们不仅锻炼自身的实践技能，还有机会将所学理论直接应用于现实工作中，完成知识到技能的有效转换。

在科研项目方面，院校与企业联合推进与乡村振兴相关的课题研究。这些研究活动不仅为乡村建设提供坚实的理论支撑，同时也为学生创造参与科研实践的平台，从而提升他们的科学研究能力。

在创新实践和成果转化方面，学校和企业共同建立一个平台，用于展示和推广学生的创新项目。这些项目往往能够转化为实际的乡村建设方案，助力乡村振兴。

通过分析，可以看到，在乡村振兴背景下，高职院校建筑设计类专业通过产业、教学、研究与创新一体化的模式，能够高效地服务于社会，并为学生的全面成长搭建良好平台。这种模式不仅促进学生实践和创新能力的发展，也为区域经济的增长和乡村振兴战略的实施和推进提供坚实的人才保障。

（二）行业企业与高职院校合作模式探讨

在乡村振兴的背景下，针对高职院校建筑设计类专业开展产教研创融合的研究，不仅是对专业发展方向的前瞻性探讨，也是对教育模式的有益探索。高职院校建筑设计类专业应当积极响应国家政策，与行业企业构建紧密的合作关系，共同推动产业、教学、研究与创新的一体化进程。这种高校与企业间的合作模式，不仅有助于实现教育资源配置与市场实际需求的精准融合，同时也可以促进专业人才的系统培养及其动手实践能力的增强。

行业企业与高等职业院校的合作应遵循市场需求原则，构建"双主体"运作模式，共同打造资源共享平台，协作开发课程体系，并建立长期的人才培养合作关系。这种合作模式不仅有助于教育资源和市场需求的精准匹配，也有利于专业人才的培养和实践技能的提高，从而为乡村振兴背景下高职建筑设计类专业的发展提供有力的支撑。

一是行业企业与高等职业院校的合作应基于市场需求，构建以校企双方为核心的"双主体"合作体系。在这种体系中，企业不仅是提供实习场所的角色，更是课程开发、教材编制、实践教学的重要一环。企业方的深度介入有助于教育内容与行业需求的无缝对接，从而提高学生的实操和创新技能。二是合作双方应共同打造一个资源共享的平台，以实现资源的最大化利用。例如，企业可以提供实习场地、设施、软件等资源供学生实际操作；而高校则可提供教育资源、实验设施、网络课程等，以助力企业的技术进步和创新。这种资源互用不仅能减少双方成本，还能提升资源利用效率。三是双方可以联合开发紧贴产业发展需求的课程体系，确保教学内容与实际应用的高度契合。通过共同构建课程，企业能够将前沿的行业技术和发展理念融入课程之中，使学生能够掌握最新的知识和技能。此外，合作双方应建立长效的人才培养合作机制，通过实习、项目合作、课程共建等多种方式，强化学生的实践技能训练，增强其解决实际问题的能力。此外，这种合作还能有针对性地为企业培养出符合其需求的专业人才。

二、企业与高职院校产教研创融合

（一）企业产教研创融合的实践

在乡村振兴的背景下，高职院校建筑设计类专业的产教研创融合实践不仅提高了学生的实践技能和创新思维，还促进了教育资源和产业需求的有效衔接，为企业和社会的持续发展贡献了人才力量。在实践过程中，企业为学生提供涵盖设计策划、方案设计、施工图制作、项目管理等环节的全面实训机会。通过参与这些项目，学生不仅有机会将课堂知识应用于实践，还能在解决实际问题的过程中培养创新思维和团队协作能力。此外，企业还定期地邀请行业专家走进课堂，分享最新的行业知识和趋势，从而提升学生的职业竞争力。

这种产教研创融合的实践已经取得了显著的成效。首先，学生的实践技能得到了显著提高，他们通过参与项目实践，将理论融入实际，有效增强了处理复杂工程问题的能力。其次，该模式还推动了教学内容的更新和优化，确保了教学内容与行业发展的同步，提升了教学的针对性和实用性。最后，企业通过这种模式完善了自身的人才培养体系，为企业的持续发展提供了支撑。

（二）高职院校产教研创融合项目的实施

高校的产教研创融合项目是高职建筑设计类专业在乡村振兴背景下发展的重要力量。通过该项目的实施，不仅能够提高学生的专业技术和创新能力，也为地方经济繁荣和专业建设贡献力量。

在乡村振兴的背景下，推进产教研创融合已经成为高等教育机构的重要任务之一。该项目由高校建筑设计类专业牵头实施，目的是将教学、科研、生产实践与创新创业紧密结合，以培育满足乡村振兴需求的高素质技术技能型人才。项目的实施过程可划分为以下几个阶段。

第一阶段，学校组建专门的产教研创融合团队，负责项目的规划与执行。基于对本地乡村建设需求及未来发展趋势的深入调研，团队制定了详尽的工作计划和实施方案。同时，项目团队与地方政府及企业建立了紧密的合作关系。这些合作不仅为项目引入了实际的建设项目，还提供了必要的设备和技术支持，为学生创造了丰富的实践机会。此外，该项目特别强调理论与实践相结合。学生在教师的指导下，参与了项目设计、施工监理和项目管理等实际工作，实现了课堂知识与实操技能的有效融合。同时，项目还鼓励学生创新创业，通过设立创新工作室，支持学生开展创业项目及科研活动。

项目的实施取得了显著的成果，例如学生的实践和创新能力有了显著提升，毕业生的就业率和就业质量也可以得到提高，而且项目的实施可以促进该高校建筑设计类专业的教学内容和方法的优化，使得课程体系和教学内容更加贴合行业需求，此外，项目可以为当地乡村振兴提供技术支持和人才支撑，对促进地方经济发展产生积极影响。

三、产教研创融合在职业教育中的应用

（一）职业院校产教研创融合的实践探索

在乡村振兴的背景下，高职建筑设计类专业的产教研创融合研究，是对传统教育模式的重大创新。本研究分析其在产教研创融合实践中的做法与成果，旨在为相关专业教育改革提供借鉴。

高职院校与多家本地建筑企业建立紧密的合作关系，共同打造符合乡村振兴需求的课程体系。这些课程不仅要包含传统建筑设计理论与技术，还要融入乡村规划、建设以及绿色建筑材料应用等与乡村振兴密切相关的内容。在实践教学方面，学校应积极将企业实际项目引入课堂，使学生能够在真实的工作场景中学习并解决实际问题。例如，通过与专门从事乡村建设的企业合作，使学生参与了一个具体的乡村振兴项目的设计与执行，这不仅提升了他们的专业技能，也锻炼了他们解决实际问

题的能力。

通过这样的实践探索,高职院校的建筑设计类专业学生在乡村振兴的大背景下,不仅能够吸收传统建筑设计的精髓,还能够掌握与乡村建设相关的新知识、新技能。这种教育模式,不仅能够提高学生的就业竞争力,也能够为乡村振兴战略的实施培养一批具有实践能力和创新精神的高素质人才。

总之,高职院校在产教研创融合的实践探索中,通过校企合作、实践性教学和创新工作室等多种途径,成功地将教育、教学、研发和创新融合在一起,为高职建筑设计类专业的发展提供了有力的支持。这种模式的应用,可以为其他高职院校提供了宝贵的经验,同时也为乡村振兴背景下的高职教育改革开辟了新的路径。

(二)职业教育产教研创融合的国际经验借鉴

乡村振兴战略的实施,为高职建筑设计类专业的产教研创融合带来了新的成长契机。在这个过程中,借鉴国际职业教育产教研创融合的先进做法,对于促进我国职业教育向更高层次的发展具有重要意义。

1. 德国的"双元制"教育

德国的"双元制"教育模式是一种将理论教学与实践操作紧密结合的教育方式,这种模式下,学生可以在职业学校和企业两个不同的环境中接受教育。学生在职业学校里学习理论知识,并通过企业实习的方式将所学知识应用于实践中,从而实现理论与实践的有效结合。这种模式不仅有利于学生专业技能的提升,也有助于满足企业的人才需求和教学质量的提高。

2. 澳大利亚的"新双元制"教育

澳大利亚的"新双元制"教育模式在传统的"双元制"基础上进行了创新,更加注重教育与产业的融合。该模式下,学校和行业的合作更为紧密,教育内容的设置更加符合市场需求。同时,学生在学习过程中不仅要掌握理论知识，还要通过参与真实的项目来提升实践能力，这种模式有效地缩短了学生从学校到职场的过渡期，提高了其就业竞争力。

3. 新加坡的"行业参与计划"

新加坡的"行业参与计划"是一种政府、学校和企业三方共同参与的教育模式。政府提供政策和资金支持，学校提供教学资源和教育培训，企业提供实践场所和项目机会。这种模式下，学生可以在真实的工作环境中学习和实践，同时企业也能通过这种方式培养和吸纳人才，实现了教育培养与就业需求的有效对接。

借鉴国际上的产教研创融合职业教育经验，对我国高职建筑设计类专业的发展至关重要。通过引入和借鉴国际先进的教育模式，可以显著提升教学和人才培养的质量，促进学生的全面发展，同时助力我国乡村振兴战略的实施。展望未来，我国应当继续加强国际交流与合作，不断探索和完善适应我国国情的职业教育产教研创融合模式。

四、产教研创融合在建筑设计类领域中的应用与实践

（一）产教研创融合在建筑设计类领域的应用

在乡村振兴背景下，高职建筑设计类专业的产教研创融合研究，是对教育模式和实践应用的一次重大创新。我们将产业、教学、研究和创新四个元素进行有机结合。具体而言，"产"指的是以乡村建设为背景的实际设计项目；"教""学"是指在项目实施过程中，教师不仅传授理论知识，还指导学生进行实践操作，学生通过参与实践来深化理解和掌握设计理论与技能；"研"是指科研，将教师科研融入专业教学中；"创"则体现在学生在实践中提出的创新设计解决方案。

以"绿色生态乡村"设计项目为例，项目启动时，教师根据乡村的实际情况，提出了多个设计方案供学生选择和参考。在此过程中，学生不仅要理解和掌握建筑设计的基本理论知识，还要根据实际需求进行方案设计。在设计阶段，学生分组进行深入研究和技术探讨，充分展现了他们的主动性和创造力。最终，每个小组都提出了具有创新性的设计方案。

通过参与这个项目，学生的综合能力得到了全面提升，他们不仅从理论中学到了知识，还能在实际操作中应用所学，解决实际问题。同时，这种产教研创融合的教学模式，让学生在解决问题的过程中体验到了创新的乐趣。

在乡村振兴的背景下，这种模式不仅帮助学生更好地理解和掌握建筑设计的理论与技能，还提升了他们的创新和实践能力，为他们的未来发展奠定了坚实的基础。同时，这种教学模式对促进乡村建设的可持续发展具有积极的意义。

由此可见，产教研创融合的教学模式是一种高效的教育模式，它鼓励学生在实践中学习，在学习中实践，从而提高他们的整体素质和能力。在乡村振兴的背景下，这种教学模式的广泛推广和应用，将对我国乡村建设带来长远的影响。

（二）产教研创融合在建筑设计类领域的实践

在乡村振兴的背景下，高职建筑设计类专业的产教研创融合研究显得尤为重要。高职院校建筑设计类专业应与地方政府携手合作，共同推进乡村振兴战略的实施。在此过程中，该专业不仅要提供专业技术支撑，还要对教育教学进行创新，并通过实际项目的研发来推动创新和创业的实践。

该专业通过与地方政府紧密合作，为乡村建设提供技术解决方案，这不仅锻炼学生的实践技能，也增强他们的社会责任感。例如，学生们参与乡村公共设施的设计，如图书馆、文化中心、休闲广场等，不仅改善当地的基础设施，也为学生提供将理论知识应用于实践的机会。在教育教学方面，该专业引入项目化教学模式，将实际工程项目融入课程教学中，使学生在学习过程中就能接触到实际工作环境，提高教学的实践性和趣味性。通过这种方式，学生的创新意识和能力得到有效的培养。此外，为了提高学生的设计创新能力，该专业还要鼓励学生进行项目的创新设计，通过解决实际问题来提升自身的设计能力。例如，学生们针对乡村建设中的传统建筑的保护与利用，进行深入的研究，并提出创新的解决方案。这些研究成果不仅丰富教育教学内容，也为乡村建设提供有力的理论支持。

最后，通过参与实际项目，学生们的创新创业能力得到极大的提升。他们不仅能够独立设计项目，还能进行项目的规划和管理，这对于他们未来的职业发展具有重要的意义。

第四章　乡村振兴背景下高职院校建筑设计类专业产教研创融合模式创新

第一节　乡村振兴背景下建筑设计类专业产教研创融合的意义

一、提升专业教育质量与乡村振兴需求的契合度

在乡村振兴的背景下，高职院校建筑设计类专业产教研创融合发展是一种必然的趋势。通过产教研创融合的教学模式，可以提升专业质量，并满足乡村振兴的需求。但要实现这一目标，就要确保建筑设计类专业的教育教学和培养的人才要与乡村振兴实际需求有效对接。在教育教学内容方面，要符合乡村振兴的需求。尤其是课程设置及其内容要紧扣乡村振兴的发展实际，课程设置要密切相关，如可以开设乡村设计规划、乡村景观设计等课程。而且，课程内容还要体现乡村的文化特色，通过课程的学习传承乡村文化。其次是加强校企合作教学，提升建筑设计类专业与乡村振兴的契合度。通过校企合作关系，让学生可以参与到乡村实践项目中，从而提高实践教学质量，培养学生的发现问题和解决问题的能力。与此同时，也需要加强校企合作的实训基地，提高实践教学成效，从而提升学生的实践操作能力。在教育教学的评价体系中，要能够以促进乡村振兴的发展为标准。评价要体现学生服务乡村振兴的设计技能和要创新创业能力。在师资队伍方面，要打造产教研创融合的师资队伍，也可以提升建筑设计类专业的教学质量。师资队伍中应包括文化传承型教师、科研型教师、创新创业型教师和行业企业型设计教师等。通过这些既懂专业，又具备科研能力和产业实践经验的教师，可以促进建筑设计类专业与乡村振兴发展的对接，从而促进乡村振兴的发展。

二、培养乡村建筑设计人才，推动乡村建筑创新及可持续发展

在乡村振的背景下，高职建筑设计类专业产教研创融合的人才培养可以推动乡村建筑设计创新及可持续性发展。

一是在乡村振兴的背景下，高职建筑设计类专业的发展应以培养熟悉乡村地域特色的设计人才为重任。在人才培养方面，要以促进乡村文化传承和发展为目标，培养融合乡村文化特色的设计技能，能够为乡村建设设计出符合乡村地域文化特色的建筑设计作品，以此可以不断推动乡村建筑设计创新发展。二是通过校企合作、产教融合，建立乡村建筑设计资源平台，让学生参与乡村振兴建筑设计项目。以此可以培养学生的设计实践能力和解决问题的能力，提高其综合能力，从而为乡村振兴建设提供人才支撑。此外，通过高职建筑设计类专业产教研创融合的培养模式，可以推动有关乡村建筑设计类专业的科研成果转化及应用，使科研成果与乡村的实际项目结合，从而推进乡村现代化建设。

三、加强校企合作与资源优化配置

在乡村振兴的背景下，高职院校建筑设计类专业产教研创融合可以促进校企合作与资源优化配置。高职院校与企业的合作，可以将企业的实际需求引入到人才培养方案中，并进行课程改革，实现产教内容融合。通过校企合作模式，可以充分发挥企业在教育过程中的作用，使教学内容与企业生产紧密联系，从而加深校企合作关系。例如企业提供实训项

目和实习岗位,而学校则提供结合理论与实践的教学资源,双方协作培养满足乡村振兴需求的应用型专业人才。这种资源整合的方法,不仅避免了教育资源的闲置,同时也提升了教学效果和质量。此外,还可以共同搭建实训基地,将资源和成果进行共建共享,以优化资源的配置。教师还可以利用企业项目资源提升科研能力,并反哺教学,同时也让学生在真实的工作环境中进行学习和实践,从而提高学生服务乡村的能力。

产教研创融合有效地促进了理论知识与实际操作的融合,增强了学生的实操能力和创新思维。在这一模式下,不仅保障了教学内容与企业需求的同步,还为学生创造了更多参与实际项目的机会,让他们在真实的工作场景中接受锻炼和学习,以更好地应对将来的职业挑战。通过这样的实践性学习,学生们能够在建筑设计领域获得实践性更强的技能,为乡村建设贡献具有创新性的设计方案。另外,产教研创融合能够构建一个开放性的、多方联动的乡村建设平台,这将吸引更广泛的社会力量和企业资源投身于乡村发展之中。通过建立政府、企业、教育机构和社区之间的协作,共同促进乡村在基础设施完善、环境改善、文化推广等多个方面的进步,进而全面提升乡村的整体发展水平。

四、促进地域文化特色与乡村建筑设计的融合

在乡村振兴的背景下,高职建筑设计类人才的培养离不开对乡村地域文化的传承,而文化传承是建筑设计人才的重要使命。因此,促进乡村文化传承与发展,是高职建筑设计类专业教育教学中的必备内容。在人才培养中,服务乡村地域特色的建筑设计人才应当重视乡村地域文化内涵及其价值,在建筑设计学习中能全程融入地域文化。在设计专业课程中,应将乡村地域历史文脉、建筑风格和民俗习惯融入整个教学内容中。通过这样的教学,不仅能够培养具备建筑设计技能的人才,还能够设计出有文化内涵的乡村建筑设计作品。同时，在教学中应当鼓励学生进行设计创新实践。在挖掘乡村地域特色文化的同时，要根据时代化发展的需求，进行现代化设计。例如，学生可以先对乡村传统建筑文化进行调研，以便在设计中充分融入文化内涵，此外，在保留传统文化的同时，还要积极顺应现代化产业发展，以满足当地居民的实际需求，这种设计实践不仅可以增加学生的实践能力，还能够培养学生的建筑设计创新能力。通过这样的教育教学方式，可以提升建筑设计类专业的质量，也能为乡村振兴建筑设计与文化传承做出相应的贡献。

五、加强科研创新能力及其应用转化

在乡村振兴背景下，提升科研创新能力与应用转化是高职建筑设计类人才培养的关键。第一，产教研创一体化可以为教师的科研提供资源平台，并使其成果得到相应的转化。第二，教师也能将研究成果反哺于教学，丰富专业教学内容，培养设计创新人才；第三，通过产业、专业教学、科研和创新资源一体化的发展，可以使教师的科研创新能力得到加强，为乡村振兴提供有力的人才支撑；第四，产教研创融合有助于推进跨学科的交流与合作。建筑设计类专业涉及多个领域，如建筑、环境、规划，通过产教研创的融合发展，可以促进多学科的交流与合作。在此模式下，科研人员也可以借鉴其他学科的优秀成果，从而提高科研创新能力，从而推动乡村振兴发展；第五，通过产教研创融合，有助于科研人员关注产业的发展动态，从而提高科研成果的实用性和针对性。

六、增强学生创新创业能力

在乡村振兴背景下，建筑设计类专业通过产教研创一体化模式可以有效增强学生的创新创业能力。产教研创融合平台是集聚科研、专业教学、产业一体化的多功能平台。学生在此平台上，通过参与科研项目可以提升其理论实践相结合的能力，从而激发创新思维和创新创业潜能。除此之外，产教研创一体化模式也有助学生多学科领域的学习，拓宽学生的知识视野，使他们在未来的职业生涯中不仅仅满足于执行设计任务，还能主动创新，利用自己的创意和设计才能助力乡村建设，促进乡村的经济繁荣和文化发展。例如，学生们可以参与乡村民宿、乡村旅游项目的规划设计，这不仅为乡村带来了新的经济动力，也丰富了乡村的文化内涵，提升了乡村居民的生活质量。而且，学生通过参加乡村产业项目，也可以发现更多的创业机会，并形成创业项目，为创新创业打下一定的基础。

第二节 乡村振兴视角下高职院校建筑设计类专业面临的主要问题

一、建筑设计类专业与乡村振兴发展需求的矛盾

（一）建筑设计类人才供给与乡村振兴人才需求不匹配现象

乡村振兴发展需求与建筑设计人才供给与实际需求不匹配现象是当前建筑设计类专业发展面临的重要问题。随着乡村振兴发展战略的深入实施和乡村居民生活水平的提高，乡村民宿、乡村旅游、乡土建筑文化保护与传承等兴起，乡村对建筑设计类人才的需求也不断增加。从乡村振兴需求来看，乡村既需要设计创新型人才，也需要科研成果及其应用型人才，更需要文化传承与发展型设计人才。但高职院校建筑设计类专业在人才培养中存在着与乡村振兴发展脱节的现象。尤其是在课程体系、教学内容、师资力量、科研成果转化与应用、校企合作与乡村建筑产业项目等方面的问题表现突出，从而导致难以培养出适应乡村振兴发展需

求的设计人才。此外，人才流失也是重要的因素之一。由于工作环境、职业发展等各方面的因素，乡村很难留住人才，毕业生的创新创业地点大多数选择了城市，人才的流失加剧了乡村建设人才短缺的现象。

（二）乡村产业与专业融合度不足导致的供需脱节

在乡村振兴的背景下，高职院校建筑设计类专业与乡村建筑产业的发展脱节，是乡村振兴专业人才供给矛盾的重要表现。这主要表现为：首先是建筑设计类专业教学的课程与乡村振兴发展需求脱节。教学内容主要体现在传统的设计理念与技能训练方面，而对乡村振兴的发展需求体现不足，培养出的人才无法为乡村振兴的发展需求提供有力支持。其次是校企合作程度不够，以及与乡村建筑产业融合教学的缺乏，导致专业实践教学资源与乡村振兴发展的对接不紧密。教学中缺少与乡村建筑产业相关的实践教学资源，因此出现了当前高职院校建筑设计类专业教学与乡村地域特色建筑文化产业发展脱节的现象。教学内容单一，教学中忽略了乡村建筑中华优秀传统文化的传承和发展能力的培养，导致培养出的人才在建筑文化传承与创新创业能力方面较为薄弱，难以满足彰显地域特色和美丽乡村的建设需求。最后是专业教学评价与乡村建筑产业发展需求脱节，评价内容体现为片面的专业技能和理论知识的学习。

二、乡村振兴的师资力量不足

（一）服务于乡村振兴人才培养的师资结构不合理

乡村振兴发展背景下建筑设计类专业人才的培养离不开结构完善的师资队伍。然而，高职院校建筑设计类专业人才培养中，"产、教、研、创"相互分离，服务于乡村振兴人才的师资力量薄弱，师资结构不合理，评价主体单一，难以培养出满足服务乡村振兴需求的人才。教师队伍结构不合理主要表现在以下这些方面。一是缺乏能够指导学生创新创业的教师，专业教学与乡村就业创业教育脱节。二是缺乏能够支持专业教学与乡村振兴建筑产业发展的师资力量。专业教师缺少乡村振兴建筑项目的实践经验，因而在教学过程中无法提供针对乡村产业需求的有效教学指导，不利于培养学生的发现问题与解决问题的能力，进而影响了为乡村振兴产业发展提供对口人才。三是缺乏熟悉乡村地域文化的师资力量，这使进而难以培养出能够传承乡村建筑设计文化并具备设计创新能力的人才，得将乡村文化振兴与建筑设计类专业教学相结合变得困难。

（二）专业实训基地的师资短缺

在乡村振兴的背景下，建筑设计实训基地承担着培养乡村振兴的建筑设计人才的使命，起到推动乡村振兴的发展的作用。然而，当前建筑设计类专业的实训基地面临着专业师资队伍严重短缺的问题，制约了乡村建筑设计人才的培养。

这个主要表现在理论型教师偏多，而缺乏项目实践经验丰富的双师型教师，很难满足实践教学的需求。乡村地区的偏远也导致许多优秀的建筑设计人才不愿投身于乡村建筑设计事业当中，具备项目生产实训技能的教师数量不足，影响了教学质量。此外，乡村建筑设计人才的综合素质对专业教师的素养有了更高的要求，指导学生在专业方面进行创新创业，然而，具备这些素养的教师较为缺乏，因此难以在实训基地开展多样化的教学活动和科研研究，从而导致难以培养出适应乡村建设需要的设计创新型人才。

（三）协同育人机制不完善，教育资源与乡村振兴需求结合不足

在乡村振兴背景下，建筑设计类专业产教研创一体化是培养乡村建筑设计人才关键路径。然而，在此过程中，存在着协同育人机制不完善，教育资源难以整合的问题。育人协同机制不完善造成校企合作未得到真正的落实。目前，一些高职院校与企业建立了合作关系，但是合作关系

不够紧密,从而导致理论教学与实践脱节,难以培养为乡村发展助力的设计实践人才。除此之外,专业教学资源与乡村振兴发展需求脱节,在教学中主要集中为学生传授理论知识和教材内容,而在满足乡村振兴的实际需求上缺乏针对性,如乡村传统建筑文化及其创新设计、乡村传统材料保护等,教学中缺乏真正的乡村项目案例,长此以往,将导致学校培养的毕业生就业创业难度较大,难以匹配乡村发展需求。

三、专业教育与乡村振兴需求的脱节

(一)课程设置与乡村建筑产业融合度较低

在乡村振兴背景下,高职建筑设计类专业存在着课程设置与乡村建筑产业发展融合度较低的现象,这一现象已成为了制约建筑设计类专业人才培养质量的瓶颈。当前课程教学内容与乡村建设缺乏有效衔接,主要体现在教学中缺乏真实的乡村建筑实践项目,实践教育与乡村建筑设计不融通,专业教学内容主要停留在理论教学层面,专业教学内容与乡村建筑产业需求不匹配。随着乡村振兴战略的深入实施,乡村建设项目也在不断更新,这也需要课程内容的设计与乡村产业的发展能够对接。然而,当前建筑设计类专业的教学内容依然没有及时更新,从而导致培养的学生所学的知识和技能与乡村振兴发展脱节。缺乏产教融合的教学,不仅给学生的实践能力培养造成了影响,还限制了教师的科研创新,也影响了校企合作的深度,这样建筑设计类专业培养的人才就难以满足乡村振兴的实际需求。

(二)乡村建筑设计教育与地域文化特色的融合不足

乡村地域文化在乡村振兴中扮演着重要角色。然而当前专业教育与乡村地域文化特色融合不足,这一问题在一定程度上对乡村振兴发展产生了影响。主要表现:一是教学内容单一,课程设置针对性不强,教学内容中忽略了地域特色的文化传播内容。这导致学生对乡村文化缺乏深

入了解和掌握；二是有关乡村文化的教育资源较为缺乏，如乡村特色文化教材、案例和文化传承型的师资力量也缺乏，教师难以在教学中进行引导和传播，难以使学生理解和挖掘地域文化特色；三是实践教学与乡村地域文化实际需求脱节，教学中缺乏对乡村实地的调研与考察，这不仅影响了学生对乡村地域文化的理解，也造成乡村建筑设计作品缺乏文化底蕴；四是教学评价中，注重对掌握技术层面的掌握，而忽视了学生对乡村本土文化内容的理解和应用层面的评价。这也导致学生的建筑设计作品中缺乏文化内涵，没有体现乡村特色。

四、教师科研与建筑设计实践、乡村产业振兴的脱节问题

（一）教师科研成果在乡村振兴建筑设计教学中缺乏应用转化

乡村振兴战略下，教师肩负着教学与科研的双重使命，对乡村发展起着重要作用。然而，当前建筑设计类专业面临的主要问题是教师科研与专业教学脱节，这在一定程度上制约了教学资源开发和对乡村发展需求的满足。例如，教师的科研与乡村建筑产业发展之间缺乏有效衔接，导致研究成果难以在乡村建筑设计中进行应用和转化；科研成果转化为教学资源和生产力的效率较低，影响了教学内容的现实性和应用性，进而制约了学生设计创新能力的培养，使得教学无法很好地服务于乡村振兴；教师科研成果与乡村建设项目需求脱节，学生无法通过项目实践得到创新锻炼；此外，缺乏将教师科研成果转化为教学资源的激励措施和支持体系，影响了教师转化科研成果的积极性。

（二）教师科研活动缺乏与乡村振兴产业的衔接

乡村振兴战略下，教师的科研活动与乡村产业之间衔接不紧密，也是高职建筑设计类专业教育中存在的主要问题。教师科研选题与立项与乡村建筑产业脱节，影响了科研服务乡村作用的发挥。教师个人的专业背景和研究兴趣与乡村振兴战略发展需求存在差异，导致科研成果转化为教学内容难度较大，进而影响了学生发现问题与解决问题能力的培养。此外，由于科研成果转化机制不完善，缺乏激励措施，教师的科研成果很难被广泛应用于乡村建筑设计项目，而乡村振兴背景下，这些项目亟需更新设计方案。教师对乡村振兴发展战略的了解程度不足，导致科研选题与研究和实际项目缺乏关联性，缺乏研究价值和应用价值。

五、产教研创融合的实训基地建设有待加强

（一）实践基地功能与乡村振兴建筑设计类专业的发展需求不匹配

在乡村振兴背景下，高职建筑设计类专业的人才培养离不开高质量的实践教学环境，这也是培养学生实践能力和设计创新能力的关键环节。然而，当前高职院校建筑设计类专业人才培养在实训基地建设方面存在与乡村振兴发展需求不匹配的问题。这主要表现在实践基地功能不完善，难以服务乡村建筑设计专业的发展需求。基地建设缺乏对乡村振兴战略的深入理解和精准分析，实践基地功能缺乏与乡村产业的对接，部分实践基地的设计偏向理论化，而与乡村振兴实际脱节，从而导致学生实践能力的培养与乡村实际需求不符。这不利于培养学生将理论知识转化为服务乡村振兴实践的能力。

（二）教学平台与资源难以满足乡村建筑项目的发展需求

在乡村振兴背景下，高职建筑设计类专业面临着发展机遇的同时，也面临着相应的挑战。其中表现较为突出的是乡村振兴建筑设计专业的教学平台和教学资源现状与乡村建筑项目的需求之间存在差距。主要存在以下问题：实践教学平台的建设不完善，教学资源的整合与更新速度不够。尤其是缺乏与乡村建设紧密结合的工程项目，现有的教学资源与乡村发展需求不匹配，导致学生获得的知识和技能也受到限制。其次是实践基地缺乏校企合作。当前校企合作缺乏深度与广度，导致教学资源与企业真实的实践项目需求之间存在脱节。在教学中，因缺乏较好的激励机制，企业在建筑设计类人才培养中缺乏积极性，这样影响了校企合作项目的实际效果。同时，这限制了学生参与乡村建筑实践项目，影响了学生将理论知识运用于实践的能力培养。此外，有关教师参与乡村建筑工程项目的实践机会较少，教师自我能力提升也受到限制，相应的，教育资源的整合也存在相应的问题。这影响了教学内容与乡村振兴发展的契合度。

（三）缺乏具有乡村建筑文化传承功能的实训基地

实践基地的文化功能缺乏主要表现为传承意识缺乏，项目实践对接不足等，在乡村振兴的背景下，高职院校建筑设计类专业采用产教研创一体化的教学模式，其中，承担乡村建筑文化传承功能的实训基地成为乡村振兴建筑设计类人才培养的关键。作为乡村建筑设计人才培养的基地，它不仅是学生发挥专业技能的平台，也更是乡村地域文化的传承与创新载体。然而，当前专业实训基地还存在着一定的不足。随着城市现代化的推进，乡村具有悠久历史的建筑遗产遭到破坏，甚至是消失殆尽。而实训基地作为重要的教学载体，没有发挥好文化传承的功能和保护作用。专业教学中，学生没有能够亲身体验和学习乡村的宝贵文化遗产。而实训基地能为学生提供真实的建筑设计项目实践机会，这有助于提升学生的实践操作能力，并使他们能够将设计理念有效地应用于设计实践中。同时，在设计的过程中，学生能够深入理解和体会乡村建筑的文化内涵。但是，在当前建筑设计类专业教学中缺乏与之相应的设计项目和教学实践案例，从而限制了学生对乡村建筑文化的深入理解和应用能力的培养。此外，实践基地也是学生创新意识和创新能力的发挥场所。通过实训基地可以亲身体验到不同的乡村建筑文化，学生也可以从中汲取设计灵感，从而在乡村建筑设计方面传承和弘扬传统文化。但是，由于教师也缺乏具有文化传承功能的实训基地锻炼，从而使学生在实训过程中的设计创新与文化传承的能力受到限制。

由此可见，具有文化传承功能的实训基地建设会影响乡村文化的传播，人才的培养也会因此受到影响，无法充分培养学生的专业技能和文化素养。

（四）建筑设计类专业产学研创融合平台建设滞后，资源共享不顺畅

在乡村振兴背景下，建设产教研创一体化的建筑设计类专业平台是一个不容忽视的重要问题。但当前服务乡村振兴的产教研创融合平台建设较为滞后，合作平台的产教研创一体化功能欠缺，使得专业教育、产业、科研和创新创业的资源和实际需求难以整合，导致资源共享困难。而且信息交流机制也不完善，各平台之间缺乏有效的合作，教育、科研和产业界的信息传递效率较低。虽然建筑设计领域里不断有新的科研成果出现，但是因缺乏有效的平台和机制，许多优质的科研成果很难及时转化为生产力，从而影响了乡村建筑行业的发展。另外，当前建筑设计类专业产学研创融合平台功能有限，仅限于项目合作，科研和教学、创新创业教育方面的作用发挥不够，这在一定程度上对乡村建筑设计类专业的人才培养质量也产生了不利影响，为解决这一问题，需要加强平台的功能建设，促进资源共享，为乡村振兴发展注入新的活力。

第三节　乡村振兴背景下高职院校建筑设计类专业产教研创融合模式的创新

一、产教融合模式的创新构建

（一）课程内容与乡村产业振兴对接，提升乡村建筑设计类人才质量

1. 构建产教融合课程体系，深化乡村振兴产业需求的导向

在乡村振兴发展背景下，优化课程设置，创建产教融合的课程体系，

深化乡村振兴产业需求的导向，是培养高质量的乡村建筑设计类人才的重要举措。主要可以从以下几个方面进行优化。在课程设置方面，先要关注乡村振兴的产业发展需求，并对课程设置进行重构。在传统的课程中融入含有乡村特色需求的课程，如可以增设乡村规划、乡村民居改造设计、民宿设计、乡村旅游规划设计等。这些课程内容需要涵盖有乡村振兴的基本设计理念，并涉及乡村建筑产业的发展特点，使学生掌握基本乡村建筑设计的基础知识和技能方法。在设置模块化课程时，可将课程分为基础模块、专业模块和选修模块，使学生能够根据个人兴趣爱好，选择与乡村振兴需求相近的课程内容进行学习。课程体系的构建要重视理论实践一体化，以提高学生的综合素质。如可以开展乡村建筑设计竞赛、乡村建筑装配设计等，让学生通过参与实际项目提高理论水平与技能的学习，从而提升学生在乡村建筑设计中发现问题与解决问题的能力。此外，课程体系的构建可以培养学生的综合素质能力，其中包括分析和解决问题、项目管理、沟通协调、设计创新等方面的能力，这些也是乡村振兴建设中对设计人才需求的重要一部分。

2. 整合教学资源，提高课程教学内容的实践性和针对性

在乡村振兴的大背景下，建筑设计类专业的发展面临着前所未有的机遇和挑战。乡村发展呼唤着熟悉乡村地方特色的设计人才。因此，整合乡村资源，提高教学内容的实践性和针对性很重要。在教学内容设计方面，要将理论知识与实践相结合，使学生在乡村建设项目中学习，从而加深对专业知识的理解和应用。同时，要引入地方文化资源，将历史、文化、民俗等内容融入教学中，以增强教学内容的针对性。而案例化教学是本专业教学的重要形式，因此，在引入案例教学时，要将典型的案例作为教学的主要内容，加强学生实践训练，从而提高学生的实践能力。在人才培养方案制定时，校内外要联合培养，共同设定人才培养方案，整合教学资源，为学生的学习提供实训机会。在推进产教融合的

过程中，还需加强校企合作。通过与乡村建设相关的设计企业合作，共同开发和实施产教融合的课程与项目，以确保教学内容与乡村振兴的需求紧密相连。同时，案例教学中应体现项目化教学，让学生以问题为导向，进行学习和研究。在课程评价中，需要建立动态的课程评价机制，根据乡村振兴发展的新趋势、新要求，对课程内容进行调整。

（二）创新校企合作模式，深化乡村建筑设计专业产教融合

1. 校企共建，实现需求精准对接

在乡村振兴的背景下，产教融合的人才培养模式是对教育结构与实践应用的一次深度融合。而校企合作共建乡村建筑设计类人才培养模式是使乡村振兴人才培养与企业行业需求紧密对接的关键策略。校企合作是一种通过双方资源共享与优势互补，促进教育实践与创新性融合的模式。高职院校建筑设计类人才培养首先需要深刻理解乡村振兴发展的需求，并根据这些需求调整课程建设和人才培养方案，将乡村振兴的建筑产业发展特点融入课程教学之中。此外，还要求企业不仅发挥实习和就业的作用，而且要积极参与到教学资源建设、课程体系构建、教学项目实施等各个环节。

在乡村振兴人才培养方案的制定过程中，要对乡村振兴建筑设计类人才的需求等方面进行调研，包括设计能力、创新思维等综合素质的调研。同时，企业要积极参与到人才培养方案制定的各个环节中，包括为教育教学提供实践案例和行业标准，而且应该在方案制定的各个阶段给予评价和反馈，以保障人才培养方案的有效性。企业也可以直接参与课堂教学和实践指导，提供真实的教学实践案例，从而使课程教学更加贴合乡村建设的实际需求。同时，企业还可以参与课程设计，确保专业教学更加符合行业和乡村发展的需求。在教学实施过程中，深化校企合作是检验双方合作机制有效性的关键。企业参与人才的培养，一方面提升了教学的实践性；另一方面，学生直接参与企业项目，可以培养学生的

岗位适应能力,提高学生的就业率,也为校企合作的可持续发展提供保障。此外,为了拓展校企合作深度,还应建立有效的评价机制,及时对人才培养方案的实际效果与企业的需求匹配度进行反馈和调整,从而形成动态的人才培养需求适应机制。

2. 校企共育,打造乡村振兴需求的建筑设计类专业

高职院校与企业深度合作,共同打造乡村振兴需求的建筑设计类专业,是促进乡村振兴发展,培养乡村建筑设计人才的重要环节。校企共育需要学校与企业共同将资源进行共享,以培养学生的实践能力和创新精神。而校企合作需要建立长效机制。校企可以共同开发有乡村特色的教学课程和实践项目。企业帮助提供真实的实践项目,为学生岗位适应能力和创新创业能力培养打下坚实的基础,同时也可以强化学生自身的设计能力,激发创新意识和解决问题的能力。

(三)建设实训基地,培养学生的实践能力

1. 构建学教融合实训平台,促进乡村振兴资源共享

随着乡村振兴的发展,高职建筑设计类专业承担着培养高质量的乡村振兴建筑设计类人才的任务。对当前的教育教学方式提出了新的要求,也为教育的改革和发展提供了新的机遇。因此,产教融合平台有利于促进乡村振兴发展的资源共享,提升学生的实践能力,为学生提供真实的实践项目,在真实的工作环境中进行理论与实践学习。学生通过平台提供的实践机会可以提升实际操作能力,为乡村振兴建设提供支持,从而促进乡村项目的实施与发展。校企合作下的产教融合实训平台由企业和学校共同建设,既可以满足企业实习需求,也能为理论与实践相结合的课程提供教学资源和场所。这样的实训平台可以更好地结合企业的实际项目和技术要求,为学生提供积累实践经验和提升就业创业能力的机会。也可鼓励教师到企业进行顶岗实践,在实践的过程中,积极了解乡村发展动态,并将实践经验融入实践教学中。同时,邀请企业骨干设计师到

学校进行授课，丰富教学内容，提高教学质量。建立多方联动评价机制，包括学生评价、企业评价、同行评价等，以保障教学质量和人才培养质量。通过教学评价，持续改进人才培养方案和教学计划。

2. 创新实训基地管理，加强实训效果

在乡村振兴的背景下，实施产教融合模式，有助于提高专业人才培养质量。其中创新建筑设计类专业实训基地的管理非常关键，这关系到学生实践教学基地的质量，有助于提升学生的专业技能和培养专业实践能力。因此，加强实训基地的管理，增强实训的教学效果，是当前乡村振兴发展中教育教学改革的重要任务。应建立数字化实训环境，包括建立在线实训平台，如虚拟仿真平台，通过数字平台为学生提供仿真模拟环境和在线教学资源库，这样使学生能够在训练环境中进行模拟设计。同时，教师和企业也可以进行在线监督和指导。在此基础上，创新实训基地管理模式，建立校企合作管理机制，推行校企"双导师制"，共同指导学生实训，使学生真正接触乡村实训项目，从而提高实训效果。

此外，还应加强实训基地的日常管理，可以按照项目需求组织实训内容，引入或设计模拟乡村建设项目，如乡村规划设计、乡村传统民居改造设计等，让学生全面参与，从而提高学生解决实际问题的能力。此外，还要对实训成果进行多维度的评估。如项目的完成质量、设计作品的创新程度、解决问题的能力等。通过评价监督机制提高学生的学习效果和质量。同时，评价结果也可以作为教师教学效果的评价依据，促进教学质量的提升。同时，在实训过程中，对表现好的进行奖励，从而激发学生的学习积极性。

二、产研融合模式的创新构建

（一）教师科研与乡村建筑设计产业的精准对接

1. 乡村建筑产业导向的科研项目选择

在乡村振兴的背景下，高职院校建筑设计类专业产研融合的实践中，科研项目的产业化导向是至关重要的。这关系到专业建设的科学性和前瞻性。

专业教师的科研选题与立项应该体现乡村振兴发展的需求。教师要深入了解乡村发展状况，对乡村建筑发展进行充分的实地调研，尤其是关于乡村传统村落保护、乡村风貌维护、乡村景观改造等方面的具体要求。在选择科研项目时，要对项目研究的创新性进行分析和考虑。考虑其研究成果能否为乡村建设提供科学的设计方案和技术支持，在项目的宣传、方法以及技术应用等方面能体现其创新点。此外，项目研究还要考虑其跨学科的融合发展。如在进行建筑设计类专业科研时可以考虑生态学、社会学等学科的知识融合，以促进设计学科成果的可持续性和科学性。另外，项目的落地也是很重要的。这需要与企业建立深度的合作关系，以确保项目的可持续发展和效益最大化。除此之外，专业教师的科研也可以通过校企合作完成，如校企共同设计并申报科研项目，共同研究与完成科研成果的转化与应用。

2. 科研创新成果在乡村振兴中的应用

建筑设计类专业的科研成果在乡村振兴中的应用，是促进乡村振兴发展的必备环节。它关系到乡村风貌建设，以及乡村的文化传承与发展。一方面，建筑设计类专业的科研成果可以为乡村带来了具有地域特色的建筑风貌。通过科研成果的应用，保持和弘扬乡村的传统文化和地域特色，可以挖掘乡村的历史文化元素，并结合现代元素实现创新性发展，创造出符合村民们现代生活需求的地域特色作品，如传统建筑建造技艺与现代建筑技术结合，可以打造出既符合现代生活又具有古典韵味的乡村民居。此外，建筑设计类专业的科研成果也在乡村旅游产业中发挥作用。随着乡村旅游产业的兴起，乡村发展呈现多元化方向。建筑设计类专业的创新科研成果为乡村民宿旅游设计、农家乐规划设计等方面提供了有力的保障。

3. 加强企业与科研项目合作，促进科研成果的转化，助力乡村建筑产业发展

在乡村振兴的发展背景下，高职院校建筑设计类专业产教研创融合既是推动教育与生产深度融合的重要途径，也是促进乡村振兴可持续发展的重要举措。加强企业与科研项目的合作，可以促进科研成果向乡村建筑产业发展转化，为乡村建筑设计的创新与地域特色的文化传承和保护提供有力支撑，从而更好地服务于乡村振兴发展。

企业与科研项目的合作，应以问题为导向，强化创新意识和问题意识。以乡村振兴为出发点，充分发挥企业与科研机构的共同作用，设计出适应乡村发展的项目。通过校企合作，将理论与实践相结合，使科研成果既满足生产需要，又反哺理论研究。

校企合作模式为学生提供了实践机会。通过项目、实训实习的锻炼，培养学生的创新思维。同时，鼓励学生参与到教师的科研项目中，从而提高自身的专业综合素养。校企双方应建立长期稳定的合作机制，形成利益共享机制，并建立稳定的科研平台，为乡村振兴的科研成果转化提供研究基础。

为保障科研成果转化的路径可实施，需要建立健全科技成果转化机制，涵盖科研成果的评估、选题、立项以及技术转移等环节，确保教师科研成果能够迅速转化为生产力，以促进乡村建筑设计的生产发展。

此外，乡村建设中的校企合作应充分关注地域文化特色，积极采用地方材料与传统工艺技术。在乡村建筑设计规划时，要避免"一刀切"，

既要体现现代化的发展特色，也要保留地域性特色。

4. 推动科研成果的转化，加速乡村振兴进程

乡村振兴背景下，建筑设计类专业的人才肩负着将科研成果转化为社会服务的重要使命，而人才培养离不开科研的创新。将科研成果转化应用于乡村建筑产业实践，不仅可以促进地方建筑行业的发展，也能促进科研与专业教育密切融合。一方面，高职建筑设计类专业的科研成果转化能够提供创新且可行的设计方案和技术支持，同时也能解决乡村建筑设计实践中遇到的实际问题。例如，在民宿建筑改造设计、乡村规划设计等方面，科研成果能为乡村提供科学的设计方案、创新的视角和方法，从而推动乡村建设项目的顺利实施。而在传统的建筑设计中，往往存在创新性不足的问题，但通过科研成果的创新转化与应用，能够将新的观点、新理念和新技术等融入乡村建筑设计中，从而推动乡村建筑项目的创新。另一方面，科研成果的转化可以有利于促进校企合作，加强理论与实践的结合，促进专业教学改革发展。将科研成果转化为教学内容，有助于学生更加直观地理解理论知识，从而激发学生创新和实践的能力。

(二) 构建产研融合评价机制，确保乡村建筑设计成效

1. 制定乡村建筑设计产研合作成果的精准评估指标

产研融合是高职院校建筑设计类专业发展的重要途径。为了确保这一融合能够有效服务乡村建筑的振兴发展，需要建立一套精准的评估体系，以保障产研合作成果的质量和效果。首先，评价体系要体现对乡村地域性文化特色的理解和设计创新性发展。主要是以设计的创新点和解决实践问题的能力为评价对象，以体现设计的前瞻性。其次，评价体系应平衡实际应用性与理论的深度，并需要通过项目的实际情况来评估其是否符合乡村振兴建设的标准和具有可行性。设计应体现乡村建筑的科学性和实用性，这包括对实际效果的评估和对可持续性影响等方面的评价。再次，是对文化的保护与传承进行评价，这需要评价其是否尊重乡

村原有的地域文化特色。评价体系要体现对乡村建筑产业发展的推进，体现教师和学生在项目中的参与度，知识转化的效率以及项目的创新能力。要检验教育的成效，通过项目的实践，评价学生和教师是否在创新思维能力和专业技能等方面获得发展。最后是对产生的社会影响进行评价，检验其是否对改善居民生活质量和促进社会的发展具有成效。

2. 实施持续监控与反馈机制，不断改进产研合作模式

实施持续动态监控与反馈机制，对乡村振兴建筑设计类专业产研合作模式有一定的意义。动态监控与反馈机制需要结合乡村振兴战略的实际需求，建立明确的目标与评价标准，并在实施过程中对教学内容、科研方向、创新项目和人才培养质量等方面进行持续监控，以确保评估的全面性和客观性。要建立动态的信息反馈机制。例如，通过举办教学研讨会、科研成果评审会以及企业合作交流会等活动，来掌握科研、教学以及校企合作的效果。此外，校企之间需要保持紧密的联系和沟通，以确保教学内容和科研方向与行业发展需求同步。同时，也应向企业反馈教研成果，以促进双方的共同发展和进步。

此外，在实施持续监控与反馈机制的过程中，要改进产研合作模式，如建立激励机制，鼓励教师和企业积极参与科研项目，并对创新性成果进行奖励，以激发其创新能力；定期对乡村振兴建设与建筑设计类专业的发展需求进行分析，以培养适合乡村建筑发展的设计人才；及时引入第三方评估，对教师科研、教学及其应用转化进行客观的评价。

三、专创融合模式的创新构建

（一）构建创新创业教育融入建筑设计类专业教育体系，服务乡村振兴

1. 制定专业教育与创新创业教育融合方案

创新创业教育与专业教育的融合是培养乡村建筑设计创新型人才的

关键。专业教育与创新创业教育的融合，需要先对乡村振兴实际需求进行充分的了解，以培养学生解决问题的能力为导向，将创新创业元素融入专业教育中。例如，设计创新创业的专业课程，把创新创业教育的内容融入传统建筑设计专业教学中，在专业教学过程中，同时将创新创业相关知识进行讲授，传授专业教学内容，同时引导学生如何进行设计创新并进行创业，使专业知识与乡村建设需求相结合，从而设计出具有实际应用价值的方案，以提高学生的设计创新能力。

2. 整合专业课程与创新创业课程资源

整合专业课程与创新创业课程资源，可以从课程设置、教学资源、教学平台等方面着手。在课程设置方面，将创新创业课程直接融入专业教学课程中，以提高学生的综合素质和能力。此外，要整合教学资源，包括教材、软件、实训基地、实验室、工作室等多个方面。在教学中，可以采取项目驱动的教学方法，以问题为导向，以培养学生的自主学习能力。通过以上措施，可以使创新创业教育与乡村振兴发展的建筑设计类专业教育融合，培养具有创新意识的建筑设计类人才。同时也能够提高学生的就业竞争力，实现教育与地方的共同发展。

（二）将乡村振兴创新创业元素融入建筑设计类专业教育中

1. 改进专业教学内容，引入创新思维与方法

改进专业教学内容，引入创新思维方法，是提高建筑设计类专业人才培养质量的内在要求。在乡村振兴背景下，专业教学需要与时俱进，体现乡村建设的发展需求。这不仅需要教学内容的更新和教学方式的改革，还需要教育者转变思想观念，引进与乡村振兴发展密切相关的设计内容。如增设乡村规划设计、乡村民宿改造设计等，让学生掌握技能的同时，也能使学生的创新思维能力也能得到锻炼。

2. 增设创新创业模块，培养学生创业精神

增设创新创业模块，培养学生的创业精神，是乡村建筑人才培养的

必然选择。培养设计类专业人才的同时，创新创业精神的培养同样重要，这种精神也是乡村发展的重要组成部分。在专业教学中，增设创新创业模块，可以使学生在课程的学习中学习到创新创业的基本理念、方法和实践路径，通过内容的学习，学生的创业热情可以得到激发。学生可以通过案例分析、模拟训练等多种学习形式，提高发现问题、解决问题的能力，从而培养其实践能力和创新精神。

（三）创建建筑设计类专业教育与乡村振兴创新创业实践相结合的平台

1. 打造建筑专业实践与创新创业相结合的工作平台

专业实践与创新创业相结合的工作平台，是培养创新型设计人才的重要载体。该实训平台是集设计实践、科学研究、创业孵化于一体的乡村振兴建筑设计实训基地。它是为学生提供理论知识与实践技能相结合的场所，学生在平台中可以进行设计实践、创新创业项目实践、创业计划书的撰写等，可以培育学生的实践能力和创新精神。

此外，应积极开展建筑设计专业领域内的创新创业实践项目。创新创业专业实践平台要注重项目导向和实战训练。可以让学生针对乡村振兴的发展需求，开展项目实践，如乡村规划设计、民居改造设计、乡村传统文化保护等项目实践。这种方式可以培养学生的发现问题与解决问题的能力，能够提高其专业技能，也能够培养学生创新思维，带动学生创业就业。

2. 打造创业指导与孵化平台，支持乡村建筑设计人才创业

在乡村振兴的背景下，高职建筑设计类专业不仅承担着专业人才培养的使命，也肩负着服务乡村发展、提供就业创业机会的责任。在人才培养的过程中，要特别鼓励学生的创业活动，尤其是建筑设计领域，从而实现理论知识向实践转化，支持乡村建筑设计创新与创业。为了支持建筑设计类专业的创新创业发展，构建创业指导与孵化平台至关重要。

平台的建设需要具备以下几个要素：一是要具有完善的创业指导服务。这除了必要的理论与技术支持外，还应该具有专业导师，可以帮助创业者进行市场分析、风险评估和优化项目的服务。二是平台能够不定期地为创业者组织创业培训和各类创业交流活动。创业孵化平台还需要提供工作框架、材料资源、实验室等硬件支持。三是平台应具有整合资源和对接项目的能力。通过校企合作，将设计需求和创业项目对接起来，促进相关的设计服务和产业落地发展。平台应注重可持续发展原则，不断优化其功能，确保能够为乡村创业者提供持续的支持。

通过打造创业和孵化平台，有助于激发学生的创业就业热情，还可以为乡村建筑设计提供相应的创业项目，从而为乡村振兴提供新动力。这对促进高职院校建筑设计类专业教育发展和人才的培养有重要的意义。

（四）构建创新创业教育评价体系，确保专创融合成效

1. 设立创新创业教育评价指标，评估教育教学成果

设立创新创业教育评价指标，对教育教学进行评估，是客观评价教育成果的基本方式，这有助于优化专业与创业融合教学模式，是提升教育质量的重要环节。评价维度包括但不限于创新项目的质量与数量，学生的创新意识、实践能力，以及学生的创业项目成功率等。评价指标包括学生的设计作品的创新性和实用性、学生在创新竞赛中的成绩、学生参与创新项目的数量和质量，以及学生创新和创业成果的转化率等方面。这些指标不仅可以反映学生的创新创业能力，也能反映学生的专业学习质量。

2. 实施动态评价与反馈机制，持续优化专创融合模式

动态的评价是优化专创融合的关键。主要包括周期性的自我评估、专家评审、企业第三方评估等。通过这些评估，我们可以了解专业教育教学的现状和存在的问题。同时，可以建立起及时的反馈机制，并能根据评价结果对各个环节进行及时的调整。例如，对教学课程设置、教学资源、师资力量等方面进行精准的对接，以实现专业教学的持续优化。

再比如，对学生设计作品的评价与反馈，可以包括社会评价、学校评价、乡村评价等，是不同主体的反馈意见。针对这些意见，我们可以完善和调整教学内容和方法。同时，也可以对学生的创新创业的整个过程进行追踪，为学提供展示成果的机会，这也有利于了解学生创新创业过程中的不足之处，便于做出及时调整。

此外，建立学生的创新创业成果激励机制，如给予实习实践学分制，对优秀成果进行奖金发放，激发学生的创新创业的积极性，鼓励学生将创新创业的成果及时转化为实践，从而反哺乡村建筑设计及其产业的创新发展。

总之，通过设立创新创业的评价指标和实施动态反馈机制，有助于客观评价教学质量，还可以促进专业教育创新创业与乡村振兴发展的深度融合，从而为乡村振兴的发展培养设计创新型的技术技能人才。

四、产教研创融合模式的创新构建

（一）制定乡村振兴的建筑设计类专业产教研创融合人才培养方案

1. 结合乡村发展需求，优化人才培养目标

乡村振兴背景下，高职建筑设计类专业产教研创一体化的发展，不仅是对专业教育的改革，也是教育对乡村建设发展需求的回应。针对当前高职建筑设计类人才培养中存在的问题，应构建以产业发展为导向，优化人才培养目标，制定集产业、专业、科研与创新创业教育于一体的人才培养方案。在人才培养方面，优先结合产业发展需求，优化人才的培养目标。高职建筑设计类专业人才的培养要关注乡村建筑产业发展的需求，并对接乡村建筑的真实项目，尤其是有关乡村民居改造设计、乡村规划设计、乡村公共设施设计等方面。可以从以下几个方面对培养目标进行改善。一是加强学生的实践技能与创新能力的培养。学生能够运用现代化的设计理念和技术手段，对乡村建设中的设计问题进行有效解

决；二是培养学生对乡村传统文化的保护与传承意识，强调学生在乡村振兴建筑设计中，能够将乡村文化元素融入设计当中去，起到促进乡村文化的保护与发展作用。

2. 构建产教研创融合的建筑设计类专业课程体系，提升人才培养质量

构建产教研创融合的建筑设计类专业课程体系，是培养服务于乡村振兴的建筑设计人才的关键。乡村振兴背景下，高职院校建筑设计类专业课程体系的构建，需要根据乡村发展实际需求进行。优化课程内容时，应将产业需求融入课程体系，使教学设计与科研创新相互促进。课程设计应紧跟行业发展，将最新标准、技术和趋势融入专业教学，并结合乡村真实建筑设计项目，例如开设以实际乡村建设项目为载体的课程，让学生参与项目方案设计、实地调研等环节。此外，应建立校企合作课程开发机制，共同开发课程资源，并将企业实际项目案例融入课程教学，通过项目式教学、案例教学等方式，提高学生的实践能力和创新能力。同时，要加强与科研机构的合作，将科研成果转化为教学内容，并将教学中的创新点融入科研项目研究，促进科研与教学的共同发展。

（二）创新产教研创融合体系，推进乡村振兴背景下的校企合作

1. 建立产教研创合作长效机制，确保合作稳定性

高职院校培养乡村建筑设计人才是一项多方位、深层次的综合性工程。其中，深化产教融合、校企合作是提升专业人才培养质量与促进乡村振兴发展的重要举措。为有效促进高职建筑设计类人才在乡村振兴中发挥作用，必须建立产教研创合作长效机制，并与企业建立紧密的合作关系，构建校企命运共同体。学校和企业应通过深度融合，实现资源共享，共同为乡村建筑产业振兴和发展贡献力量。此外，还可以建立由学校、企业和行业专家组成的乡村振兴战略委员会，定期对专业人才培养方案和专业建设提出建议和对策。应打造特色建筑产业学院，将其作为

集聚企业资源、项目资源和教学资源的平台，形成一个集科研、教育、技术服务、创新创业于一体的实践平台。同时，结合乡村振兴的发展需求，开设乡村建筑风貌设计、乡村建设规划等特色课程，以适应乡村建筑产业振兴发展的需求。

2. 拓宽产教研创融合渠道，探索多元化校企合作模式

拓宽产教研创融合渠道，探索多元化的校企合作模式是培养乡村建筑设计人才的关键。多元化的校企合作模式是整合资源的有效途径，能够为学生提供全方位、一体化的实践平台，同时也能为企业输送对口的专业技术人才。学校教师和学生可以通过项目合作的方式参与企业建筑项目设计，在项目实施过程中，学生的实践能力得到提升，企业也能获得实际的设计方案，从而实现教学、科研与产业之间的有效融合与发展。学校应通过与企业深度合作，共同开发教学资源，将企业实际的乡村建筑工程案例和行业发展的需求融入课程内容，使学生能够学习到企业的先进技术和设计理念，促进资源的共建共享。此外，应实施"双导师"制度，即学校专业教师与企业设计实践导师共同指导学生，这可以促进理论与实践的紧密结合，帮助学生了解行业发展趋势和企业实际需求。在构建远程信息化协作平台方面，企业和学校可以通过该平台进行互动教学，学生也可以通过平台获得企业的远程指导。这种在线协作的方式有利于打破地域限制，拓展合作广度和深度。

(三) 加强产教研创师资队伍建设，提升双师型教师能力

1. 培养产教研创能力的双师型教师

乡村振兴背景下，产教研创融合是培养高职建筑设计类专业理实一体化人才的必要手段。双师型教师是指既具有丰富的教学能力，又具备丰富的实践经验的教师。在乡村振兴的背景下，这样的教师既具备扎实的专业理论知识，也具备丰富的乡村振兴建筑设计实践经验和科研能力。教师在人才培养的过程中，能够将理论运用于实践中，提高专业教学质

量,并能够将科研成果进行转化与应用,为学生提供创新性的设计实践指导。为了加强产教研创师资队伍的建设,学校应与建筑设计企业、乡村建设基地进行紧密的合作,安排教师到企业进行实践锻炼,参与真实的项目,丰富其实践经验。同时,还应鼓励教师与企业的技术人员开展科研项目,通过乡村建筑设计的相关项目提高教师的科研能力和专业教学的应用能力。此外,还应创建教师产教研创的实践平台,保障教师的专业实践需求。

2. 引进企业专家参与教学科研,提高教学实践的指导能力

引入企业专家参与教学科研,是提高专业实践教学水平的另一条重要途径。这类专家通常具备丰富的理论知识和实践经验,能够为学生提供专业的实践指导和学习资源。可以通过专题讲座和实践课堂的方式,将企业最新的设计理念和技术引入课堂。专家参与到教学的过程中,有利于培养学生的创新思维和解决问题的实践能力。此外,专家的加入,可以深化校企合作,从而构建一个教学、产业和科研一体化的教育体系。专家的实践经验有利于为教学提供丰富的资源和实践项目,学生通过这些实践项目的学习,可以将课堂所学的理论知识运用于设计实践中,从而提升学生为乡村设计的实战能力。

(四)构建产教研创融合评价体系,保障模式运行效果

1. 设立产教研创融合评价指标,科学评估实施成效

高职建筑设计类专业采用产教研创一体化培养模式是推动专业发展和提高人才培养质量的重要途径。而为了确保该模式的实施成效,构建产教研创融合评价体系非常重要。通过该体系的各项指标,可以优化产教研创融合的教学模式。该体系的指标包括人才培养方案、教学质量、校企合作水平等方面的内容,并涵盖学生在乡村的就业率、设计创新能力、持续发展潜力等方面。教学质量与人才培养质量方面的评价,主要包括课程建设、创新创业、教学方法的评价。产教融合与校企合作的评

价，主要包括校企合作的深度和广度、校企合作在人才培养过程中的参与度，包括专业教学改革、专业建设的参与。创新创业和设计创新的评价，主要考查学生的就业与创新创业能力，以及对乡村建筑设计的创新性发展。要注重社会服务和对地方经济的服务贡献，尤其是考察专业对乡村人才培养的作用。

2. 实施定期评估与反馈，持续优化产教研创融合模式

在乡村振兴背景下，高职院校建筑设计类专业产教研创一体化研究与实践是提升专业人才质量的关键。在这一过程中，制定定期进行评估与反馈机制，可以实现产教研创融合模式的优化。这主要包括：定期进行自我评价和同行评价，分析产教研创实施过程中存在的不足；制定改进的设计方案，根据评估结果和乡村振兴的发展需求，进行合理的改进，然后进行跟踪；建立信息反馈机制，通过校企合作，实施各方的建议，并制定出具体的改进措施和检验方式。总之，通过实施定期的评估与反馈，有利于提高教育教学人才培养质量，更好地服务乡村设计。此外，为了使教师的专业能力得到快速的成长，要制定好教师教学与科研融合的评价标准。同时，准确评价教研成果是衡量教师科研与教学深度融合的关键，这主要体现在教学质量、研究深度、项目应用、创新性以及社会服务等方面。在教学质量方面，要体现课程的教学设计、学生的授课过程、学生的学习效果，并进行反馈。在研究深度方面，主要表现在教师结合乡村振兴的发展需求，对乡村建筑设计、理论知识以及应用方面的进展研究。在项目服务与应用方面。教师将科研成果转化为实践教学项目的能力，以及为乡村振兴发展做出的实际贡献。社会服务方面，主要包括乡村建筑设计的技术咨询、乡村设计规划方面。

通过以上措施方法，可以通过激发教师的积极性和创造性，使教师在教学与研究的过程中发挥重要的作用，取得服务乡村振兴的更多优秀成果。同时，也对促进教师自身素质提升有重要的意义。

第五章 乡村振兴背景下高职院校建筑设计类专业产教研创融合路径探索

第一节 乡村振兴背景下产教研创融合的课程体系构建与教学内容创新

一、构建乡村建筑设计类专业产教研创导向的特色课程体系

（一）科研成果融入专业教学的课程设置

1. 科研成果与专业教学的融合基础

在乡村振兴的发展背景下，高职建筑设计类专业产教研创融合是一个重要的课题。通过产教研创融合模式，培养符合乡村振兴的建筑设计类人才，促进产业链、教育链、科研链，以及创新创业链之间的深度融合，以推动乡村振兴的建筑设计行业的创新与发展。在人才培养方面，要求建筑设计类专业人才应该具备扎实的理论知识，以及专业相关的实践技能与创新能力。同时，高职院校也需要在科研、教学及创新创业方面实现融合，以促进乡村建筑设计类专业人才的全面发展。

在乡村振兴的背景下，高职院校建筑设计类专业产教研创一体化模式是提升人才培养质量与服务乡村振兴发展的重要途径。而课程是专业教育的载体，是产教研创融合的重要环节之一，构建以乡村振兴发展需求为导向的课程体系，是建筑设计类专业发展的必然趋势。其中，将科研成果融入专业课程中，是提高学生的专业能力和培养创新思维的重要措施。在科研成果融入课程设计的过程中，要确保教师的科研方向与教学内容相吻合，并将课程教学目标和教学内容与乡村振兴的发展相融合，进行更新与设计，从而激发学生的创新能力和解决问题的能力。

2. 课程内容的设计与创新

课程内容的设计与创新是培养创新性设计人才的关键。在课程设置方面，要注重理论与实践相结合。既要有扎实的理论知识，又要有丰富的实践环节。具体可以从以下几个方面进行设计。一是项目导向化的课程设置。在课程建设过程中，要紧密围绕有关乡村振兴的建筑设计项目进行，比如乡村民宿改造设计、乡村公共空间设计等，并将这些案例作为教学资源，使学生在解决实际问题的过程中，学习到相关的专业知识，可以开设建筑设计理论与实践课程。这些课程的内容主要介绍乡村建筑设计领域的科研成果，包括新材料、新技术、新的设计理念等。二是可以通过设置实训、实习类课程等方式，让学生将所学的知识运用于实际的情景中，从而提高学生的解决实际问题的能力。三是将教学内容与科研成果相结合。在课程教学中，教师可以将科研项目的研究内容、研究过程、研究的新理论和新成果融入专业教学中，从而培养学生的创新设计能力，如设置建筑与材料结构的课程。将科研成果融入专业教学中，需要教师具备扎实的专业知识和能力，并能转化科研成果为教学内容。将建筑设计类专业的科研成果转化为教学内容时，要能够确保课程内容的实用性和实时性，即课程内容要能够体现当前建筑设计领域的最新科研研究成果和技术发展。

(二) 融合乡村振兴建筑设计项目的实践课程

融合乡村建筑设计项目的实践课程，是建筑设计类专业产教研创一体化教学的重要创新。这种课程的目标是将理论与实践项目结合，通过实地参与乡村振兴项目，提高学生的实践能力、创新思维和服务意识。

在人才培养中，学生要掌握课堂上学习的设计基本理论、方法和技能、建筑构造、建筑材料、建筑设计史等内容，以便为设计实践打下坚实的基础。在乡村振兴的发展背景下，高职院校建筑设计类专业需要紧密结合乡村建筑设计项目进行课程设置。课程内容要紧密贴合乡村振兴的实际需求，教师应以乡村振兴的实际建筑设计项目为载体，围绕课程内容开展实践教学活动。这不仅是教学模式的改革创新，也是培养学实践能力和创新精神的重要路径。

在实践课程设置方面，应紧密围绕乡村振兴的发展需求，重点关注乡村风貌的保护与传承、乡村建筑设计创新、乡村建筑的可持续发展等方面。通过开设乡村传统民居改造、乡村规划设计等课程，将理论教学与实践教学紧密结合，以提升学生的项目实践参与度和实践能力。在实施乡村建筑设计项目的实践课程时，要选择具有乡村振兴代表性的项目融入教学中。在教学中，要积极引入企业与行业的参与，通过校企合作的方式，让企业参与到教学中来，以便更好地指导学生的实践学习，并通过实际操作能力的培养，提升学生的项目设计与实施能力。通过实践教学，可以加强学生的创新意识，鼓励学生在设计时进行创新思维的运用，设计出符合乡村振兴发展需求的设计作品。

（三）创新创业教育融入乡村振兴的课程设置

在乡村振兴的发展背景下，高职院校建筑设计类专业的创新创业教育需要紧密结合乡村建设的发展需求，以培养出具有设计创新能力、创新创业能力的乡村复合型设计人才为目标。在课程设置方面，课程内容要紧密围绕乡村振兴的发展需求，如融入乡村规划设计、乡土建筑设计、乡村景观设计等课程内容。学生通过这些课程的学习，可以为后续的创新设计打下坚实的设计基础。此外，课程内容要融入创新创业教育。在传统建筑设计类课程中加入创新创业元素，如乡土文化遗产保护与开发、乡村建筑创新创业设计等。通过这些课程的学习，可以提升学生的设计实践能力，也能够为其将来在建筑设计领域的创新创业活动打下坚实的基础。为了提升学生的实践能力，可在乡村建筑设计相关的课程中增设"乡村振兴示范项目设计""乡村民宿改造设计"等，让学生通过这些具体的实践项目，巩固理论的学习，并通过项目的实践应用，提高学生的实践能力，从而全面提升自身的创新创业能力。另外，要在专业课程设计中体现跨学科融合，例如将建筑装饰设计课程内容与文化遗产保护课程内容进行融合，通过跨学科融合来培养学生的创新意识，促进学生多角度、多维度解决问题的能力。在课程评价方面，除了体现课程设置的合理性之外，还要对学生的设计作品进行评估，评价其在乡村建筑设计中的创新能力。

（四）具有乡村文化特色的建筑课程设计

在乡村振兴背景下，高职院校建筑设计类专业的人才培养中，设置具有乡村文化特色的建筑设计类课程，是培养乡村文化传承与设计创新型人才的关键。在课程设置中要将乡村历史文脉与建筑特色相结合，教学内容既要体现文化理论高度，又要体现实践指导性。例如，课程设置可以围绕乡村建筑的发展历程、建筑文化元素内涵、传统建筑技艺保护与应用等方面进行。通过在教学内容中融入乡村建筑历史文脉，促使学生能够理解乡村建筑与地域文化的关系，培养将现代设计理念与乡村传统建筑文化元素相结合的设计能力。在作品设计中，要注重培养学生的创新思维和综合素质，引导学生进行设计创新和探索，例如，学生通过接受项目化教学，以小组的形式参与到具体的设计项目中去，运用创新思维对设计作品进行创新，但同时需要保留本土文化元素，通过这种形式检验学生的设计理念与应用的能力。此外，课程设置还需要考虑理论与实践相结合，在理论教学方面，课程内容可以体现乡村建筑的历史发展脉络、地域文化的形成与演变、乡村建筑可持续发展等内容。在实践教学的课程设置方面，可以通过专业实践、毕业设计、乡村民族建筑采风与考察、乡村传统建筑速写等内容，增强学生对乡村传统建筑文化的理解。

（五）融入乡村建筑设计实训项目与竞赛

乡村建筑设计项目实训与竞赛是培养高职建筑设计类人才的重要环节。这对提升学生的实践能力、设计创新能力和职业素养有重要的作用。在建筑设计类专业教学中，通过融入设计项目竞赛的形式可以增强学生的专业实践技能，通过乡村建筑设计实训项目竞赛的形式来运用所学知识，培养学生对知识的综合运用能力，也可以提升职业的认同感。同时，通过项目竞赛的形式，学生可以更好地了解建筑设计的职业角色和责任，有利于培养学生对未来职业的规划意识和认同。在乡村建筑设计项目的实训与竞赛实施中，可以通过项目化教学、校企合作与竞赛驱动的形式完成。在课程教学内容中，以项目案例的教学方法，可以使学生参与到项目的各个阶段，从设计理念到设计工程实施，有利于全面提升学生的综合素质。同时，也要求在建设方案中，学校与企业建立深度的合作关系，让学生有机会参与到真实的设计项目当中去，也可以请企业专家进行评价与指导。除此之外，通过组织学生参与建筑设计类专业相关的学科竞赛，可以激发学生的学习热情和创新动力，为优秀的设计作品创作提供平台。在项目化教学中，将设计任务细分，并对每个阶段的设计技能进行评分，有利于学生系统的学习和实践。

二、乡村振兴背景下建筑设计类专业教学内容创新

（一）乡村建筑实践项目与专业教学内容对接

1. 引入乡村建筑设计类实践项目，提升教学内容的实践性

在建筑设计类专业教学中，引入乡村建筑设计类实践项目，是提升专业教学内容实践性的有效途径。乡村建筑是历史悠久的地域文化的重要载体，通过将乡村建筑案例融入专业教学中，可以激发学生的实践能

力和对地域文化的热爱。首先，可以选择代表不同地域的文化特色、建筑类型等的案例，以展现乡村建筑的多样性和丰富性。通过案例的引入，学生可以了解乡村不同建筑的设计理念、设计空间布局、建筑材料和建筑构造方式等方面的知识。其次，将案例分析和理论教学内容相结合，可以提升教学内容的实践性。在案例教学中，教师引导学生对理论知识进行运用，对案例进行深入的剖析，有助于巩固学生的理论知识，提高学生的实践能力。此外，组织学生进行现场教学和实地考察，也可以提升教学内容的实践性。如组织学生到乡村进行实地考察，参观乡村建筑设计的实地项目，可以让学生更加直观地了解建筑的建造方法和地域特色。同时，有助于学生与居民的深入沟通与了解，以便深入理解乡村建筑的文化内涵。最后，学生可以通过模拟设计训练，提高实践能力。如教师可以基于乡村建筑设计案例，设置模拟设计任务，要求学生进行模拟方案设计。通过这样的方式，也可以提升学生的实践能力和设计创新能力。

2. 构建项目驱动的教学内容，强化理论与实践结合

在乡村振兴的发展背景下，建筑设计类的专业发展应体现乡村振兴的发展战略要求，构建项目驱动的教学内容，以强化理论与实践的结合。首先，项目驱动的教学应以乡村振兴为核心，项目的选择要有针对性和现实意义。如乡村公共空间设计、乡村民宿改造设计、乡村景观规划设计等，将专业理论与乡村振兴的实际需求相结合，可以提升教学的应用价值。其次，专业教学内容要遵循"理论－实践－反思"的逻辑框架。在理论教学阶段，要侧重建筑设计相关理论的学习；在实践教学阶段，可以设置项目的模拟训练，让学生在实操中运用理论，解决具体问题。在评价和反思阶段，对理论深化认识。此外，建筑设计还应该体现跨学科能力培养。项目的教学应要求学生具备多领域的知识，如城乡规划设计、建筑学等。通过跨学科知识，培养学生的综合能力。最后，项目驱

动的教学应注重成果的评估和反馈。在项目教学完成之后，教师应组织学生对设计作品进行评价。同时，还要求学生进行项目的学习反思和总结，以便在今后的学习中不断改进与提高。学生通过参与乡村实践项目，也能深入了解乡村建设的实际需求，可以将课堂学习的理论知识运用到乡村建设实践中去，为其未来就业创业打下坚实的基础。

（二）乡村建筑产业需求与专业教学内容深度融合

1. 设计教学内容，促进文化传承与乡村产业相结合

在乡村振兴背景下，促进文化传承与建筑设计类产业相结合，是专业教学内容更新的重要环节。通过教学内容的改革，挖掘与传承乡村建筑文化，同时推动乡村建筑产业的发展，是实现建筑产业与专业教学共同发展的重要途径。在教学内容方面，首先，要融入乡村文化资源。学生需要深入乡村，对传统建筑的发展历程、传统工艺和技艺、民俗风情等方面进行调研。在此基础上，引导学生将传统文化元素融入建筑设计之中，例如采用具有地方特色的建筑材料、借鉴传统建筑的空间布局和建筑风格等，从而使现代化建筑设计能够体现文化内涵，实现传统文化的传承与发展。其次，教学内容要体现乡村传统建筑产业的发展需求，对建筑产业的发展趋势面临的挑战加以分析。教师也可以通过专业教学内容的更新，加强设计的创新，既要体现传统文化的传承又要体现现代化发展的需求。

此外，教学内容可以体现学生跨学科发展的需求。建筑设计不仅是艺术和技术的结合，也是经济、社会、文化等多个领域交叉的产物。因此，专业教学内容可以潜移默化地融入其他学科的相关知识，从而培养学生的综合素质和跨界合作能力，从而更好地传承和弘扬中华优秀传统文化。在教学评价中，需要体现文化与建筑产业发展的双重目标。评价指标既要体现设计作品的创意感、专业技能发展，也需要对中华优秀传统文化的传承和产业的发展有相应的贡献力，创作出既有文化底蕴，又

符合市场需求的设计作品。

2. 整合乡村地域特色资源，打造乡村特色教学内容

整合乡村地域特色资源，打造乡村特色教学内容，可以有效提升专业教学质量，增强专业竞争力。在专业教学中，首先，教师要引导学生深入挖掘乡村特色资源，比如乡村的民族风情、历史文化、自然景观等，并组织学生进行深入考察，了解其内容和意义，将其作为专业教学的案例资源。同时，也要将地域特色融入专业教学中，并进行创新性发展，鼓励学生将地域特色文化元素融入设计作品中，比如借鉴地方建筑风格、运用地域性的建筑材料和建造技法等，使设计作品既能够呈现现代化风格，又能够体现地域特色。同时，也要结合现代的设计理念进行作品设计，以便推动乡村建筑设计作品的创新发展。

在人才培养中，实践教学内容是重要的一部分，要积极采用实践项目的模式进行专业教学，体现实践性和互动性，让学生参与到项目实践中进行体验学习和地域特色的资源运用，以增强学习的趣味性和实效性。同时，鼓励学生多与乡村社区居民和手工艺人进行互动交流，深入挖掘乡村地域文化特色，为设计创新增添内容。此外，教学评价方式也是重要的一部分，因此，将乡村地域特色与设计创新均作为教学评价的内容，既要评估学生的设计作品对地域特色的资源体现，也要对现代设计创新进行评价，鼓励学生将地域特色与创新思维相结合。

3. 深化产学研创合作，推进乡村建筑产业与专业教学内容的互动

深化产学研创合作，推动乡村建筑产业与专业教学内容的融合发展，是提升专业教学质量，促进建筑产业发展的重要举措。通过这一教学模式，可以促进教学与产业、理论与应用相结合。在产学研创合作中，学校与建筑设计相关企业建立长期稳定的合作关系至关重要。在校企合作中，可以通过共同制定人才培养方案、课程标准，开展科研项目研究，推动科研成果的转化。在教学过程中，企业要主动为专业教学提供实训

基地和案例项目资源等支持，而学校则为企业提供人才支撑和技术服务，实现校企共赢。在教学内容方面，需要与建筑产业紧密对接。根据乡村建筑产业的发展需求，对教学内容进行优化和完善，确保学生能够掌握最新的设计理念、技术和方法。同时，让学生参与到项目实践中去，培养学生解决实际问题的能力。此外，教学评价内容需要体现产学研创的合作成果。在评价学生的专业理论知识和实践能力时，要同时将学生在参与科研项目、乡村建筑产业发展中的贡献纳入评价体系中，这包括参与的项目数量、成果转化的情况等，从而激励学生积极参与产学研创的合作。

（三）科研项目融入建筑设计类专业教学内容

1. 科研项目选题与乡村振兴建筑设计类专业需求和乡村发展需求相匹配

科研选题与乡村建筑设计的专业教学相匹配是确保科研方向与教学同步发展的重要途径。在人才培养方面，专业教师的科研选题需要建立在乡村发展需求和专业教学需求基础之上。在选题之前，教师通过田野调查法进行深入探究，准确把握乡村建设的发展需求和趋势。以促进乡村地域特色和文化发展为导向，进行科研选题，如乡村传统民居文化传承与发展研究、乡村民族文化在建筑室内设计中的应用研究与实践等。选题的内容既能够体现乡村的发展需求，又能够体现专业教学的需求，以便将科研成果融入专业教学中。

2. 科研项目案例在专业教学中的运用

在乡村振兴的背景下，高职院校建筑设计类专业产教研创的融合发展，是科研成果转化及应用的关键环节。这不仅关系到专业发展与乡村振兴，还影响到学生的实践能力和创新精神的培育。在建筑设计类专业教学中，融入科研项目案例，可以有效提升专业教学质量，提高学生实践能力。在专业教学中，以科研项目案例为载体融入教学资源，有利于学生将理论知识与实践相结合，可以激发学生的创新思维和探索精神。学生可以将科研项目的设计理念和技术要点及实施过程，融入专业课程的学习中，通过参与项目的研讨，深入理解专业知识和技能实践。

在教学过程中，理论知识固然重要，更重要的是提高学生对课程的实践参与度，通过实践项目的参与提升专业技能和综合素质。因此，学生通过参与科研项目案例，可以将所学知识的理论与实践相结合，从而提高解决问题的能力。例如，教师的研究项目"乡村振兴背景下壮族传统民居文化及其当代设计研究与实践"。在教学中，教师可以让学生参与到科研项目的调研和考察、设计方案和设计效果图的制作中，并将设计方案作为参赛作品，既能加强学生对乡村传统文化的理解，又可以设计出具有创新性的作品。同时，通过校企合作的形式，将设计作品投入实践，不仅可以提高学生的实践能力，也能够为专业学习注入创新思维和创业能力的培育。

3. 将科研成果融入课堂教学，促进教学内涵式发展

将科研成果融入专业教学，是提高专业人才培养质量的重要途径。在乡村振兴的背景下，建筑设计类专业的教学，应以乡村建设需求为导向，将科研成果融入专业课程体系和专业实践教学中，提升学生的创新应用能力，从而服务教学的内涵式发展，促进乡村振兴的教学目标达成。

教师可以将自己的科研项目与课堂教学相结合，通过案例分析、项目研究的形式，让学生直接参与到项目的研究中，以培养学生的创新思维和解决问题的能力。例如，可以结合科研课题的研究开展专题讲座，让学生在系统的课程学习当中，对乡村建设理念、方法与技术有一定的了解和掌握。通过融入科研成果，促进课堂教学创新性发展。教师可以将研究成果与教学过程相结合，引导学生进行设计实践，鼓励学生提出创新的设计方案和建筑技术解决方案。最后，将科研项目融入专业实践教学中。通过参与实践科研项目的形式，激发学生的专业兴趣和创新

潜能。

（四）乡村文化融入建筑设计类专业教学内容

1. 开设包括乡村文化遗产等内容在内的建筑设计课程

在建筑设计类专业教学中，开设包括乡村文化遗产等内容在内的建筑设计课程，是培养具有文化传承能力人才的重要路径。通过课程的设计，旨在促进学生能够深入理解乡村文化的精髓及其在建筑设计中的价值。在建筑设计类专业教学中，融入具有乡村文化遗产的内容，不仅是对中华优秀传统文化的传承，也是对现代建筑设计理念的创新发展。乡村文化遗产包括独特的民族风情、建筑历史和地域特色等。开设这样的课程，需要对乡村建筑历史的发展演变、建筑风格和材料等方面都有充分的了解。课程内容应体现乡村建筑的基本特征、设计原则与现代建筑的结合方式等。此外，课程的内容还可以体现乡村建筑文化的可持续发展，以及在传统文化上的创新发展。教学方法可以采取案例教学法和实地考察法。

2. 乡村文化特色在建筑设计教学中的应用

乡村文化特色是建筑设计创新的灵感来源。在建筑设计类专业教学中，应鼓励学生充分挖掘乡村文化内涵，提炼出具有代表性的文化元素，并将其融入现代建筑设计中。例如，在乡村民宿改造设计中，可以对地域文化特色进行充分的挖掘，并借鉴传统建筑的空间布局和装饰风格，同时结合现代人们的生活需求，创造出既有乡土气息，又有现代感的空间设计。这样的设计既能满足现代居民的需求，又能传承和发展乡村传统文化。而且将乡村文化应用于建筑设计项目中，是对乡村文化传承保护的重要体现。在建筑设计类专业教学中，应引导学生在设计方案中考虑乡村的地理环境特征、文化背景和社会需求。在教学中，可以通过具体的设计项目，让学生具体了解如何融入乡村文化。在设计中运用乡村传统文化元素和建筑技艺，保护乡村的文化特色和发展。

3. 开发具有乡村文化特色的建筑设计类专业教学资源

具有乡村文化特色的教学资源的开发是完善建筑设计类专业教学内容的重要环节。这包括对传统历史文化、地理信息、宗教信仰、传统建筑、民间艺术和民俗活动的系统整合。教学资源的收集要注重与村民的互动，收集到第一手资料。此外，在收集的过程中需要注重多样化和代表性。对收集的资源可以建立资源库，并通过数字化的方式进行处理，以丰富课堂教学内容。

在资源开发与利用的时候，可以将传统文化特色与现代建筑设计理念相结合，形成具有创新性和实用性的教学资源。资源的收集可以通过信息化的手段，开发在线课程及相关教学资源库。通过在线课程资源库，让学生随时随地进行学习，激发学生的自主学习兴趣和动力。教学资源的开发应该与课程内容紧密结合，如将乡村建筑设计的实例作为教学案例，作为课堂教学内容，增强学生的互动性。同时，也可以与其他院校共同收集与建立乡土文化的教学资源库，共同推动专业的创新发展。通过资源互补，进一步提高专业人才的培养质量。

（五）创新创业教育融入乡村振兴建筑设计类专业教学内容

1. 建筑设计类专业在乡村产业发展中的创业需求

建筑设计类专业的发展关系到乡村居住环境的改善、文化传承与生态保护等方面，建筑设计类人才的培养影响到乡村产业的发展。乡村产业的特色化发展，强调地方特色和个性化的设计。建筑设计类专业在乡村产业中的创业途径可以有多种方式。例如，与乡村企业开展合作。建筑设计类专业可以与乡村企业共同开展建筑设计项目，实现资源共享、资源互补，推动乡村产业的发展并带动就业。同时，建筑设计类专业可以凭借专业理论，为乡村规划设计提供科学、合理的建筑设计方案。

2. 乡村振兴建筑设计项目中的创新创业实践

乡村建筑设计项目可以为学生创新创业提供实践平台。这个实践平台有利于学生将理论知识与实践相结合,并将理论知识运用于设计实践中,从而解决乡村建设的具体问题。学生通过参与乡村建筑项目,不仅可以增强实践能力,还有助于培养创新精神和创新创业能力。还有利于学生了解乡村当代文化特色,设计出既符合乡村地域特色又符合现代建筑功能的需求的建筑设计作品。这种参与的方式,有利于培养学生的创新能力和创业意识。通过参与项目,学生可以对乡村地域文化进行深入理解,有助于学生提出创新性和实用价值的设计方案。

3. 创新创业教育在乡村建筑设计教学中的应用

在建筑设计类专业教学中,融入创新创业教育是对传统教育模式的重要补充和深化。创新创业教育在建筑设计类专业教学中的应用,是培养学生创新思维和创业能力的关键,可以促使学生快速适应乡村建筑设计行业的需求,为乡村建设提供支持。在专业教学中融入创新创业教育,需要体现在创新思维、课程设置、专业实践等多个方面。在建筑设计类专业教学中,融入创新创业元素,有利于激发学生的创新思维和培养解决问题的能力。首先,双创教育强调理论与实践的结合。这要求在专业教学中,将创新理念与乡村建筑设计的相关项目相结合,培养学生在解决具体问题中的创新思维。如在"构思—设计—实施—运作(CDIO)"工程教育理念下,学生可以在真实的项目实践中进行创新思维锻炼,从而促进理论知识在实践中的转化与应用。其次,双创教育可以采用案例教学和实践教学的模式。在建筑设计类专业教学中,学生可以通过案例分析、实地考察和项目实践的方式,深刻体会到乡村建筑设计的发展需求和挑战,并将所学的创新理念运用于乡村建筑设计的实际项目中,从而激发学生的创新创业精神。也可以通过专业竞赛和社会实践的形式,将所学知识运用于乡村振兴建筑设计的项目实践中,从而提高学生的专业创新实践能力。教学中还可引入跨学科知识,以培育学生的综合素养。同时,鼓励学生积极参与创新创业项目,通过项目感受到设计创意的全过程。这也有利于培养学生的团队协作能力和项目管理能力，以及其设计创新能力。最后，构建双创教育导向的模块化课程体系是提高教学质量的关键，在建筑设计类专业教学中，可以设置"专业设计＋双创训练＋专业竞赛＋社会实践"的教学模块，如开设"创新创业基础""设计思维与方法""乡村建筑设计创新""可持续设计与乡村建设"等。通过这些课程，使学生在进行专业训练的同时，既能掌握专业技能和知识，也能够提升相应的创新思维和创新创业能力。此外，通过课程中科研项目导向的实践教学，如设计竞赛、创业项目、创新设计工作坊等，这些课程的学习，促进学生将理论与实践相结合，提高学生解决实际问题的能力。

4. 乡村建筑设计专业的创新创业竞赛与展示

在乡村振兴的背景下，高职院校建筑设计类专业可以通过举办与乡村振兴相关的建筑设计比赛和创新创业成果展示，促使学生将理论知识应用于实践，进而提升他们的设计创新能力。通过这样的方式，有助于学生在真实的设计项目中解决实际问题，并以实践的方式提出解决的方案，从而推动学生在建筑设计类专业能力方面的提升。

学校应以乡村振兴建筑产业的发展需求为导向，设计并开设与乡村振兴相关的建筑设计项目，如乡村民宿改造设计、乡村景观规划设计、乡村公共空间设计等，通过设计竞赛的形式带动乡村建筑设计。如未来设计师、全国高校数字艺术设计大赛、米兰设计周——中国高校设计学科师生优秀作品展、中国好创意暨全国数字艺术设计大赛等。

设计竞赛的主题内容可以是乡村振兴真实的建筑设计项目。通过项目竞赛的形式，提升学生岗位适应的能力，这不仅能够激发学生的学习兴趣和参与的积极性，也能够提升学生的创新思维和设计能力，并引导学生在学习的过程中深入了解乡村振兴的发展内涵，并以实际行动将所学知识与设计实践相结合。此外，学校和企业、政府，应该为学生的设计竞赛提供相应的政策和资源支持。同时，学校和社会各界可以为学生搭建展示乡村振兴建筑设计竞赛成果的平台。

第二节　乡村振兴背景下产教研创融合的教学方法和手段改革

一、教学方法改革：乡村振兴背景下建筑设计类专业教学策略

（一）项目驱动教学法：学生主动参与解决问题，构建专业知识体系

高职院校建筑设计类专业人才的培养需要与地方设计需求相结合。而项目驱动教学法是一种有效的教学模式，尤其是对培养乡村建筑设计类人才有重要的作用。这不仅能够培养学生的创新精神和实践能力，还能够为乡村振兴的发展提供有创新意识和问题意识的乡村建筑设计人才。

项目驱动教学法是以项目为导向的教学模式，教师是学生学习的引导者，从传统的知识传授者转变为项目的引导者和参与者。项目驱动教学法更加强调学生的主动学习，是将理论与实践相结合的教学模式，是学生主动参与解决问题来构建专业知识和技能体系的教学方式。

项目驱动教学法可以通过以下几个方面来实现。在项目的设计与选择方面，需要与乡村振兴的发展需求相结合，要求项目内容体现乡村地域特色的设计。此外，项目的难度要适应学生的认知规律，但同时又要具有一定的挑战性。在教学设计中，项目的引入可以以案例教学、实践操作的模式来开展，逐步引导学生从理论到实践的转化，并在学习的过程中理解和应用。同时，需要激发学生的学习主动性，让学生在项目学习的过程中找到快乐，培养其学习兴趣，从而提升学习效果。在教学评价中，要针对项目教学法构建有效的评价体系。尤其是在评价指标方面，

应体现知识的掌握、技能的运用、问题的解决和设计的创新能力。

(二) 案例解析教学法：乡村建筑设计实践案例的解析

乡村振兴背景下，高职院校建筑设计类人才的培养需要与乡村振兴的发展需求紧密结合。其中案例解析教学法是提升人才培养质量的有效教学手段。通过案例解析教学法，学生可以将课堂所学的理论知识和实践进行结合，促进理论的应用，这也是学术和乡村产业发展结合的途径。在建筑设计类专业教学中，应建立案例库并更新。案例库资源的建设应包含多个乡村建筑设计实践案例。其涵盖不同地区、不同类型的乡村建筑设计项目，如传统村落的保护与传承、乡村公共空间设计、传统民居的改造设计、新型农村的建筑风貌设计等。案例库的资源需要根据乡村发展的现状进行及时的更新和完善。

案例教学的设计应围绕乡村振兴发展需求的实际问题进行，尤其是对典型案例的深入解析，以问题为导向进行教学设计。教师可以先引导学生从问题的背景进行分析，然后针对问题进行方案设计和效果评估，使学生参与到整个案例设计项目的过程中，进而培养学生从发现问题到解决问题的能力。此外，教师可以引导学生进行分组讨论和角色扮演，让学生主动参与到案例的分析、设计与实施的整个过程，从而提高学生的学习积极性和主动性，提高学习的效率。同时，要对学生的表现以及成果给予及时的评价反馈。这包括评价学生的问题分析、创新思维、团队合作和方案设计等方面的能力。通过及时的反馈，教师能够对案例解析教学中存在的问题进行研究和解决。案例教学解析法不是一蹴而就的，需要根据乡村振兴战略和乡村的发展动态持续改进与更新，不断对案例库中的内容进行更新，同时也对教学方法进行优化。

(三) 工作坊模式推广：培养学生设计创新思维与乡村建筑设计实践能力

工作坊模式推广是以实践为导向的教学方法，对高职院校建筑设计类人才的培养起着重要的作用。这种教学方法对学生创新思维和实践能力的培养有重要意义。在乡村振兴的背景下，乡村建筑设计实践人才的培养是推动乡村建筑产业发展的关键。传统的教学模式更体现在学生对课堂理论知识的学习，理论知识难以与实践结合，学生的实践应用能力缺乏；而工作坊模式的教学方法有助于弥补这一不足。这样的方案，可以引导学生以问题为导向，在项目实践中解决乡村建设中的实际问题，并使学生学习的专业知识在实践中能够得到充分的应用。

在工作坊的内容设计方面，应以乡村振兴需求为导向，针对乡村振兴中存在的问题设计教学项目，为学生提供真实的案例和实践机会。同时，要积极建立校企合作关系。通过企业引进相关的项目，如乡村公共空间改造设计、乡村传统民居建筑的保护与利用等。此外，引进企业优秀的设计师，作为教学兼职教师，加强教学师资力量。在教学效果评价方面，要对工作坊模式的教学进行及时的反馈，其包括设计方案的提出、讨论和修改等。通过工作坊模式教学来提高学生的实践能力和创新思维能力，从而为乡村建设的发展培养对口衔接人才。

（四）教研互动，赛学结合：教师科研项目与乡村建筑设计创新大赛的融合

在乡村振兴的背景下，建筑设计类专业的教学，通过教师科研项目与乡村建筑设计创新大赛的融合，有利于教学内容的丰富，是提高学生创新实践能力，推动专业创新发展的重要方式。教师科研与大赛，有利于提供鲜活的案例和新颖的理论视角。在教学过程中，教师可以结合国家发展战略以及乡村振兴对人才的需求，引导学生参与科研项目，通过项目的参与，激发学生的学习兴趣，真正解决学生学习过程中遇到的问题，提升学生的综合素质和专业的竞争力。增设有关乡村振兴建筑设计类学科相关的创新大赛，可以为学生的学习提供一个成果展示的实践平台。通过竞赛，学生可以根据赛项任务的考评要求对学习成果进行展示。

将所学知识与实际的工作设计相结合，更便于提出具有创新性的设计方案。另外，教师科研与教学竞赛的融合，相得益彰，尤其是实现资源的共享和成果转化。教师在教学中，通过融入科研成果，可以让学生接触新的设计理念和设计技术，从而增强课程的时代性和实用性。通过竞赛的形式，也有利于培养学生服务社会的能力。为了增强教研与学科竞赛融合给人才培养带来的效果，应构建一个互动与开放的教学评价体系，实现竞赛反哺教学和科研，实现教学相长、科教共进的局面。同时，也要对竞赛与科研的效果实施激励与反馈机制，以保障教研与竞赛相互融合，相互发展，从而培养出更加适应乡村振兴发展需求的人才。

二、教学手段创新：数字化技术在乡村振兴背景下建筑设计教学中的应用

（一）虚拟现实（VR）与增强现实（AR）技术在乡村建筑设计教学中的融合

虚拟现实（Virtual Reality，简称 VR）和增强现实（Augmented Reality，简称 AR）技术的应用为高职院校建筑设计类专业人才的培养提供了方便，提高了教学效率。这些技术的引入，有助于学生加强对设计理念的理解，更能促进学生的实践学习，加强实践操作技能。

VR 和 AR 技术在专业教学中的应用，有助于学生进入三维的虚拟环境空间中进行场景的体验，可以直观地观察到设计效果。例如，民宿空间专题设计课程的教学中，学生可以通过虚拟环境感受到设计后的民宿空间设计效果，并可以从不同的角度对室内空间的结构进行体验，有利于优化和完善设计效果。通过这种教学手段，可以提高学生的空间想象力和设计的直观性。VR 技术可以模拟真实的乡村自然环境和建筑特色，有利于加强学生在设计中考虑环境的设计需要。如乡村景观规划设计，有助于加强学生对乡村周边环境的了解，从而更好地使设计与自然环境

相协调。这种教学手段，有助于加深学生对乡村建设发展需求的理解，并设计出符合需求的设计作品。此外，通过虚拟场景的运用，也便于将设计方案展示给顾客，为其提供直观的视觉效果，从而提高客户对设计方案的满意度和效率。

（二）数字平台助力：提高乡村建筑设计教学的互动性与普及性

随着信息化时代的到来，数字化平台的兴起对专业教学提供了较大的帮助，有助于增强教育的普及性和互动性，也为乡村振兴的建筑设计类人才培养提供了新思路和新手段。

数字化平台的建设可以整合教学资源，打破地域的限制，实现教学资源共享。通过数字化的平台，可以将优质的教学资源进行整合，实现知识在线传播。这不仅有利于学习者随时随地学习，也有利于学习者接触到先进的知识和技术。数字化的平台有利于增强教学的互动性与实践性。在传统的教学模式中，因为时间和地点等限制，教师之间、学生之间和师生之间很难做到随时沟通与交流；而数字化的平台为教师与学生的教与学提供了便利，随时都可以通过平台上进行交流和互动，如可以进行线上讨论、线上作业布置和提交、项目合作、在线资料自主学习等形式，提高了学生学习的积极性和主动性。同时，也便于教师对学生学习进行辅导和过程跟踪，实现针对性教学，提高教学质量。利用数字平台教学，可以丰富教学资源，有利于开阔学生的视野。

（三）信息化教学手段的运用

信息化教学手段是乡村振兴背景下高职院校建筑设计类专业产教研创一体化教学的必备手段和方法。信息化教学手段是提高专业教学质量、增强教育开放性和社会服务性的重要途径，不仅可以丰富教学内容，提高教学效果，而且还能促进专业教学的创新性发展。

信息化教学手段的运用，可以促进教育资源的共享。通过信息化教学平台，可以促进资源的整合，使不同地区和需求的学生都能够享受到优质教育资源，实现资源共享。此外，教师可以通过信息化平台进行交流，分享自己的教学经验、教学资源，互相促进专业教学水平的提升。

信息化平台有利于学生实现个性化学习。因信息化平台方便资源随时随地共享，打破传统的教学实践和场所的限制，学生可以通过网络课程和原创教育系统进行学习，使教育不再受到时间和空间的限制，可以做到"因材施教"，有利于不同基础和能力水平的学生学习。同时也增强了教学互动性，扩展了教育的边界。师生都可以通过网络平台进行交流与协作，共同探讨教学问题并解决问题。这不仅有助于提高学生的学习积极性，也有利于培养学生的自主学习和解决问题的能力。此外，运用信息化手段方便对教学做出及时的评价和反馈，可以帮助教师根据评价结果及时调整教学策略，提高教学的针对性和有效性。当然，信息化手段也给教师的教学技能提出了更高的要求，需要教师根据信息化的发展，设计出符合信息化教育形式的课程教学内容和教学活动，以适应时代的发展需求。

（四）线上线下混合教学模式的发展

1. 构建与完善乡村建筑设计在线课程平台

线上线下混合式教学模式可以推动高职院校建筑设计类专业发展，提升教学质量。因此，构建与完善乡村建筑设计的在线课程平台是实现线上线下混合教学模式的必要途径，是提升教学效率和拓展教学资源的重要手段。在线课程平台的建设应体现的特点主要包括在线资源共享和建设。教师要通过在线平台，如超星学习通、职教云等平台构建在线精品课，并同时共享其他院校教学资源，包括课件资料、设计案例、课程微视频等，以满足不同层次学生的学习需求。此外，还要体现互动功能，如互动讨论、教学评价、在线作业提交、学习答疑等，以增强学生学习的互动性，从而提高参与度。

2. 创新与实践线上线下相融合的教学模式

线上线下融合的教学模式是提高教学效果,培养乡村建筑设计人才的重要途径,但也是一项复杂而有挑战性的任务,构建该模式需要深入理解乡村振兴战略,要基于乡村振兴发展的需求,以培养学生的实践能力和创新思维为核心,加强学生对乡村地域文化的认识,以及对乡村建筑设计的价值观的理解。线上线下融合的教学模式要注重课程体系的优化,并使教学层次化。在教学中,以模块化为教学模式,使教学项目实现从理论到实践逐渐过渡。如可以通过慕课、职教云平台等线上资源,并结合线下乡村振兴项目的需要开展实践操作和实地调研,以增强学生的实践操作能力。教学模式要强化学生对乡村实地考察和实践,让学生参与实地项目,并对建筑设计进行理解,增强对乡村文化和建筑特色的认知,从而促进学生对乡村发展的深入理解。

第三节 乡村振兴背景下的建筑设计类专业产教研创融合师资团队打造

一、基于乡村振兴需求对建筑设计类专业师资队伍的新要求及其面临的现实挑战

(一) 乡村振兴建筑设计类专业发展对师资的新要求

随着乡村振兴的发展,其对高职院校建筑设计类专业的师资队伍也提出了相应的要求。建筑设计类专业也需要全面审视和优化师资队伍,包括师资结构打造和专业能力的培养。

首先,师资结构应响应乡村振兴的发展需求,构建与乡村振兴发展需求相匹配的专业师资力量。这就意味着教师要具备扎实的建筑设计类专业知识和理论。此外，还要能够深入理解乡村振兴建设的特殊性和需求，以及这些需求对设计理念、设计方法和设计创新的影响。教师在专业教学方面，应通过深入乡村调研、项目研究和实践活动，不断丰富自身与乡村振兴相关的知识和经验，以便使乡村振兴与教学相融合，提高教学的实践性和实效性。其次，乡村振兴的发展对教师的能力提出了更高的要求，需要教师引导并推动课程教学内容与乡村振兴相结合。这要求教师不断优化课程设置，使内容更具有前瞻性和实用性。同时，还应通过校企合作、产教融合的方式，引入乡村建设中最新的实践经验和设计理念进入课堂，与行业产生互动和联系，从而形成与乡村振兴战略同步的人才培养机制。再次，乡村振兴的发展，还要求师资队伍能够积极参与乡村振兴的建筑设计项目，这能够提升专业教师本身的专业技能并积累经验，能够与企业形成良好的合作关系，共同推进乡村振兴的发展。最后，乡村振兴战略还要加强建筑设计专业教师的师资队伍建设，尤其是加强创新意识和创新能力。这要求教师不仅要具备较强的设计创新能力和设计实践能力，还能将设计创新理念用于乡村振兴建设当中，并不断优化教学方法和教学手段，从而适应乡村建设的发展需求。

（二）高职院校建筑设计类专业师资队伍面临的现实挑战

高职院校建筑设计类专业师资队伍的发展关系到乡村振兴设计人才的培养效果，进而影响到乡村建设的全面推进。首先，专业教师存在着理论与实践相脱节的现象，缺乏一定的实践经验，导致教学与实践环节脱节。如教师参与乡村建设项目的机会较少，在一定程度上影响了教师接触前沿的设计理念和技术应用的机会，对教师的创新意识发展造成一定的影响。这相应的也影响了教师自身的教学效果，从而对人才的培养受到了限制。其次，现有的教师队伍中，"双师型"专业教师较为缺乏。在乡村建设中，教师不仅要具备专业能力，还需要具备创新创业、科研能力、文化传承与发展等方面的素养。而当前教师的科研课题与乡村振兴的发展之间缺乏紧密的联系，这影响了科研成果反哺教学的作用。同时，教师的科研活动缺乏与乡村振兴的联系，也难以形成与乡村建设相关联的研究成果。

二、培育熟悉地方乡村建筑文化的传承型师资队伍

（一）培养文化传承型教师的策略与方法

乡村振兴的发展背景下，培育文化传承的人才尤为重要。高职院校建筑设计类专业教师不仅承担着培育具有创新精神和实践能力的专业人才的重任，同时，还肩负着传统文化与技能传承的重要使命。培养传承乡村建筑文化教师应从以下几方面入手。

应注重理论与实践相结合。在理论教学层面，要涵盖乡村建筑历史、建筑文化理论、建筑材料等课程，通过专题讲座、研讨会等形式，使学员丰富其理论知识。同时，可以邀请乡村非物质文化遗产代表性传承人、学者加入授课队伍，丰富案例解析和实地调研，增强学员对乡村建筑文化的直观感受与理解。在实践层面，要注重学员的实践动手能力，要通过实训基地，提供真实的乡村建筑修复项目、传统建筑文化设计项目等，让学员通过在实操训练中成长。此外，还应该鼓励学员参与传统建筑的考察、测绘与记录等方面的工作，从而加深对建筑文化的认识和理解。

要实施师带徒与团队合作模式。师带徒模式是指在乡村建筑文化传承中，通过选拔有经验丰富的乡村建筑设计师和乡村建筑工匠作为师傅，对学员进行一对一的指导，传授传统文化与技艺，分享建筑建造经验，从而使学员在言传身教的过程中快速成长。此外，还应注重团队合作，这具有不可替代的作用和意义。在项目完成过程中，应鼓励团队成员相互合作，共同解决问题，培养团队精神和沟通能力。在教学中可以采取线上线下的融合教学模式，建立乡村建筑文化的资源库，丰富教学资源，并通过线上平台进行教学授课，激发学员主动学习的能力；线下教学则

注重实践操作与面对面、手把手传授，还包括研讨会、工作坊等形式，以增强学员的实践能力与团队协作精神。另外，学员的评价与激励机制也非常重要。对于学员的学习成果应进行客观的评价，并根据评价结果给予相应的鼓励和奖励。同时，也要鼓励学员积极参与相关的设计竞赛，以提高学员的创新设计能力与竞争力。

（二）文化传承名家对乡村振兴建筑设计类专业的作用与影响

文化传承名家对乡村振兴建筑设计类专业的发展起着重要的作用和影响。一是能够引领乡村建筑的文化传承与创新性发展。文化传承名家其自身具备深厚的文化底蕴和技能，能够对乡村建筑传统文化进行深挖，并将现代的设计理念与传统文化相融合，从而推动乡村建筑的设计创新与发展。这不仅可以推动传统文化的传承与发展，保留乡村建筑的传统韵味和地域特色，又使其符合现代人们的生活需求，从而为乡村振兴起到重要的作用。此外，我们还应注重乡村建筑文化的传承与保护。通过实践教学、实践与研究等手段，将乡村传统文化的精髓传授给年轻一代，从而培养出具备文化传承能力的建筑设计人才。这些人才将参与到乡村建筑的保护与修复工作中，使古老建筑焕发新的生命力，成为乡村文化的重要载体。二是能够提升乡村建筑的设计水平。文化传承大师其具备丰富的经验和深厚的技艺，能够为乡村振兴建筑提供宝贵的灵感与指导。通过指导，使乡村振兴建筑的发展不再是简单的复制城市模样，而是为乡村建筑赋予地域特色与文化底蕴，促进乡村创新与个性化的发展。此外，文化传承名家能够为实践提供第一手资料和实践指导。在乡村规划与设计中，通过文化名家的指导，可以为实践教学提供真实的设计案例，并避免不必要的弯路，提高设计的科学性和合理性。文化传承大师能结合乡土文化，设计出既美观又有地方特色的乡村建筑，为乡村旅游、民宿、农家乐等产业提供发展有力的支撑。

三、引入具备建筑设计实践经验的企业行业设计师

（一）企业行业设计师在高职院校建筑师设计类专业中的角色

在乡村振兴背景下，高职院校建筑设计类专业的发展与乡村产业的需求之间存在着紧密的联系。而企业行业在其中能贡献着重要的作用，不仅能够为行业的发展提供需求，对教学创新和实践教学有着重要的意义。

企业行业在高职院校建筑设计类专业教学中起到了至关重要的作用。企业可以与学校合作，共同制定人才培养方案和课程内容，确保专业教学培养的内容与行业紧密结合。企业能够为教学提供真实的案例，学生通过真实案例的实践，可以真实提高其专业设计水平。通过这种方式，校企之间的合作能够促进学生的就业。

企业行业可以是教学的参与与改革者。通过他们的参与，在课堂中引入实操项目，并将企业的实践知识和新理念融入课堂，能够丰富教学内容，使学生的学习更加贴近乡村振兴的实际需求。同时，企业的参与，还有利于激发教师的教学创新意识，使教学内容和教学方法与企业行业的发展同步进行。

企业行业能够为建筑设计类专业提供实践教学基地。通过建立实践基地，让学生进行真实的工作体验。通过这种实践基地教学，可以增强学生的职业技能和综合能力，学生可以尽早体验到工作的实际流程，为就业打下坚实的基础，有利于学生在乡村的创新创业能力的培养。

（二）校企合作下的建筑设计类人才培养模式

校企合作是高职院校建筑设计类人才培养的重要途径。校企合作模式能够结合理论与实践进行教学，使学生在真实的实践环境中进行学习，为就业打下坚实的基础。首先，校企合作的模式，应以乡村振兴的发展需求为导向。在人才培养方面，应确保教学内容和课程设置能够体现乡

村振兴建设。其次，校企合作注重培养学生的实践操作能力。通过企业的设计案例和项目，让学生参与设计调研、设计方案、设计施工图绘制等。这样不仅可以提升学生的设计实践能力，还能够让学生理解建筑设计与乡村振兴之间的关系，为乡村建设提供更精准的设计服务。再次，校企合作教学，引入双师型教师。在教学中，学校和企业共同培养设计人才，尤其是实践教学方面，这样能够保障学生积极参与设计实践项目，从而提高学生的积极性和实践能力。最后，也需要企业积极配合和参与人才培养，尤其是积极提供与乡村振兴相关的教学资源项目和师资力量、实践平台、人才培养方案等。通过校企紧密合作，共同推动乡村振兴的建筑设计类人才培养。

四、组建乡村振兴建筑设计科研型专业教师团队

（一）提升专业型教师科研能力

在乡村振兴背景下，组建科研型教师团队，提升教师的科研能力，对培养乡村建筑设计类人才有重要的意义。建筑设计类专业教师，不仅需要具备丰富的专业实践经验和理论知识，同时还应具备科研能力，并具备将科研成果转化为教学资源的能力。

首先，应针对科研成果，建立相应的激励机制。在科研方面，学校应通过提供各类研究项目，如纵向项目、横向项目等，激发教师的参与积极性，并将科研与职称晋升、工作绩效挂钩，激发教师参与科研的主动性和积极性。其次，可以为教师提供有关科研的学术培训、研讨会，并更新教师的专业知识，使其掌握新的设计理念。同时，通过参加各类培训，提升教师的专业素养和科研能力。再次，通过校企合作的方式，让教师积极参与项目实践。加强与企业之间的技术交流与合作，共同开发符合乡村振兴需求的教学内容和实践项目，这不仅能够为教师积累专业实践经验，也能够为教师在科研方面提供案例和数据支持。除此之外，

还应该建立科研平台，通过平台的建设，为教师提供科研资源和研究场所，如乡村振兴研究中心、建筑设计研发中心等。通过专业教学，能够促进教师的科研合作和成果的产出。最后，鼓励教师将研究成果撰写成学术论文并发表，提升教师的学术影响力和认可度。通过这些措施，可以有效提升高职院校建筑设计类专业的教师科研能力，从而为乡村振兴的人才培养提供有力的支持和保障。

（二）乡村振兴建筑设计类专业科研型教师团队构建方法

在乡村振兴的背景下，为提升乡村人居环境质量并促进其可持续发展，构建科研型教师团队是培养乡村建筑设计类人才的关键。团队应具备扎实的学术功底、较强的设计实践能力和创新能力，以满足乡村振兴对建筑设计类专业的需求。

为此，科研型教师团队应由多学科背景和专业方向的教师组成，涵盖景观规划与设计、建筑设计、园林景观、城乡规划等领域，以促进学科交叉融合与创新思维的培养。同时，应通过校企合作，吸纳具有丰富实践经验的企业和行业专家，增强团队的实践和创新能力。建立有效的合作机制，如与国内外高校、研究机构进行学术研讨，促进学术交流。鼓励团队成员共同承担科研项目，并对取得优秀成果者给予奖励和支持，激发团队积极性和创新性。此外，要注重科研成果的转化与应用，服务于乡村振兴。

在团队组建过程中，应强调团队合作意识，营造开放包容的氛围，鼓励创新思维交流，促进科研教学同步推进。团队成员可共同参与国家级、省部级等科研项目的申报与研究，通过项目实践提升科研能力。这为团队在乡村振兴领域开展深入研究奠定了坚实基础。

乡村振兴背景下，建筑设计类专业可组建跨学科教师团队，成员包括建筑学、设计学、社会学等专业的教师，他们应兼具扎实的专业知识与实践经验，并能将理论与实践、学术研究相结合，为跨学科教学团队提供了有力支撑。团队成员应定期开展乡村振兴相关的学术交流与科研讨论，不断调整和优化学术方向，从而提升团队的知识与技能水平。在学术研究中，跨学科团队可共同开发乡村建设项目课程，整合教学资源，丰富课程内容的实践性与创新性。此外，团队可采用项目式、案例式教学方法。

（三）加强教师教研水平，提升教学质量与服务乡村的科研能力

1. 开展教师教研能力研修，提高教师教学研究能力

在乡村振兴的背景下，提高教师的教研能力，不仅可以提升专业教学质量，也是提升其服务乡村科研能力，促进乡村发展的重要途径。教师教研能力的研究，对创新教学方法、深化教师教学理念以及教学评价的科学性有不可替代的作用。

首先，教师教研能力应强调理论与实践的结合。在理论层面，教师要加强课程与教学方面的基础理论知识。在实践方面，教师要加强观摩学习，尤其是观摩优秀教师的教学实录、积极参与教学设计研讨、进行教学反思与同行评价等活动，使教师在实践中学习和提升。其次，要不断改进研修的训练方法。科研能力是衡量教师教研水平的重要指标。科学的教学研修方法有助于培养教师发现问题、提出问题、设计研究方案以及撰写研究报告方面的能力。还可以通过相关的专题讲座、工作坊等形式，提升教师的科研能力。最后，教师针对自己的研究情况进行反思。教师可以通过撰写学习日记、建立教学档案等方式，及时进行教学监控、反馈与评价。这样，教师可以对自身教学进行深入反思，并主动提出改进措施，进而提高教学研究能力。

2. 鼓励教师参与教研项目，提升教学与科研能力

教师参与教研项目，是有效提升教学与科研能力的有效途径。教师首先要认识到，教学与科研是相融合的，可以相互促进和发展。通过科学的研究，可以有效改进专业教学方法，从而提升专业教学水平。通过

教学水平的提升，可以促进科研的成果转化与应用。同时，通过教研项目的研究，带动学术的研究，从而促进教学质量和科研水平的共同进步。例如，教师通过参与教研、教改研究项目，围绕教学内容、方法、技术等方面进行开展研究，并将研究成果应用于教学实践中，实现教学与科研的相互促进。其次是要加强科研成果转化为教学资源，如开发教材、建设在线课程资源等。通过研究成果的应用，丰富教学内容和改进教学方法。此外，要积极建立校企合作机制，并鼓励教师与企业、科研机构建立合作关系，以便能够将教学与科研项目用于解决乡村振兴中的实际问题，提升自身的教研能力。通过以上措施，能够加强科研与教学的发展，为乡村振兴的发展提供理论与实践的支持。

五、引进具有创新创业教育经验的建筑设计类专业师资

（一）专业教师的创新创业能力培养

培养专业教师的创新创业能力，是培养建筑设计类专业创新设计人才的关键要素。教师的创新创业能力关系到学生的创新创业能力的培养。在乡村振兴的背景下，高职院校建筑设计类专业教师不仅需要具备扎实的专业知识，还应提升自身的创新创业能力和实践能力。为了提升教师的创新创业能力，要增强教师对乡村振兴建筑设计类专业创新创业能力人才培养的重要性认知。如通过培训、研讨会等形式，引导教师理解产教研创融合的重要性，提升教师自身的能力，并能够将创新创业的理念融入专业教学中去；要鼓励教师积极参与到真实的实践项目中去，并通过项目的参与了解企业对设计人才的需求，从而增强教师培养学生的针对性；要建立激励机制，针对积极参与创新创业教学的教师，给予一定的鼓励和支持。

（二）引进具有实践经验的创新创业导师

引进具有实践经验的创新创业导师是弥补校内教师在创新创业能力

方面缺乏的重要途径。引进的创新创业导师不仅是具有扎实的专业知识，还能够为学生提供实战经验，使建筑设计类专业产教研创一体化发展。要积极建立校企合作关系。通过合作，将企业有丰富实践经验的创新创业导师引进校内作为兼职教师，为学生的创新创业教育提供指导和帮助。然后，通过学术讲座和工作坊的形式，将具有创新创业竞赛获奖导师引进，作为兼课指导教师，培养学生的创新思维和创业方法。

第四节 乡村振兴背景下建筑设计类专业产教研创融合平台构建

一、建设高职院校建筑设计类专业教学与乡村实践的对接平台

建设高职院校建筑设计类专业教学与乡村实践的对接平台，是促进人才培养与乡村发展有效结合的重要举措。实训基地的建设是教育教学质量提升的关键，也是提升专业人才培养效果和专业水平的重要途径。该平台能够为乡村建设的建筑设计类人才培养提供实践教学和将理论与实践相融合，提高学生的实践操作能力，是促进乡村建筑设计教育创新发展和推动乡村振兴战略实施的重要措施。平台的建设有助于专业建设，尤其是促进教学内容、课程改革和教学方法与乡村振兴之间相互融合。通过平台的建设，课程内容将侧重于理论与实践的结合，并加强涉及乡村建设的设计技能和相关知识的教学。通过项目化教学，学生将有机会通过该平台参与真实的乡村振兴实践项目，进而提升他们对乡村建设项目的理解和适应能力。

通过与乡村建设相关的企业和施工单位建立紧密合作关系，以及加强与建筑设计企业的合作，共同开发课程、项目及实习实训，学生将能

够真正参与到乡村振兴的建筑设计项目中。在此过程中，企业能够给学生提供丰富的实践和就业锻炼的机会，从而提高学生的专业实践能力，为学生创新创业的发展奠定基础。此外，该对接平台还应包括与政府、乡镇企业等组织机构的合作。通过这种合作，可以促进教学研究成果转化为乡村建设所需资源，实现资源与需求的双向流动。这样不仅可以培养学生发现问题和解决问题的实践能力，也能够培养学生的创新思维与解决问题的能力。平台的对接需要注重信息资源的整合与共享，建立信息平台，使教学、科研与专业教学能够交流信息。通过平台信息资源的整合，有利于优化教学方法和完善教学资源，从而培养满足乡村振兴需求的优秀人才。

二、建设基于乡村振兴的建筑设计类专业产教研创融合平台

乡村振兴背景下，高职院校建筑设计类专业通过将生产、教学、科研以及创新产业有效融合，能够为建筑设计类专业提供一个与乡村建设项目相关的实践平台，这有助于教师科研成果的研究与应用转化，也对提升学生的实践能力、创新意识和创业能力有重要的意义。

产教研创融合平台是理论与实践结合的平台。通过这一平台，可以整合学校、企业、科研等各方资源和力量，能够弥补传统教学中重理论教学，轻实践锻炼的缺陷，从而促进学生的创新思维和实践能力的培养。产教研创融合平台还可以将乡村建设的项目引入课堂中，使学生通过真实的项目得到实践能力的培养，从而提高专业教学质量。产教研创融合平台有利于促进教学资源和乡村建筑产业发展的对接。通过与企业、行业建立合作关系，有利于为学生提供实践、实习的机会，更新教学内容和改进教学方法，从而使学生可以更好地参与到乡村建设项目当中去，从而为乡村培养对口的设计人才。产教研创融合平台有助于促进教师科研水平的提升。教师通过平台参与乡村振兴的实际项目，能够提升科研

水平，进而推动专业教学改革和提升人才培养质量。

产教研创融合平台可以让学生积极参与到乡村振兴的建筑设计项目当中，以此来提升学生的专业实践技能。例如，室内设计专题课程与传统民居改造设计项目的对接，有利于让学生直接参与到乡村振兴的项目当中去，以提升其解决问题的能力。同时，教师也可以通过参与乡村振兴的建筑设计项目，在项目中发现要解决的问题，从而丰富研究的内容，使科研反哺教学。此外，教师也可以将科研成果转化为教学资源，促进平台的功能发展。

1. 创建产教研创跨学科合作平台

乡村振兴背景下，产教研创跨学科合作平台的创建是提升高职建筑设计类专业教育教学质量的重要途径，跨学科产教研创融合平台的搭建有利于实现资源的共享，促进专业教育和实践应用的融合。在构建平台的过程中，可以整合多方面的资源，将教育、行业和科研等领域的资源整合起来，实现协同创新与共同进步。首先要明确平台建设的目标与定位，确定为乡村振兴建筑设计类专业人才的培养服务；其次要确认该平台主要用于开展产教研创融合相关工作，包括建筑类专业的教学、科学研究、学术交流、技术研发等活动；最后，产教研创平台的功能要体现信息交流机制，通过建立建筑类网上资源库、数据库网址等手段，构建信息交流平台，促进资源共享。

2. 以科研成果的转化与应用为重点

在乡村振兴的发展背景下，科研成果的转化与应用是推动创新性人才培养的重点。为此，建立一个有效的产教研创融合成果转化平台至关重要。它能够促进教育、科研与应用紧密连接，是促进乡村地方建设的重要载体。平台的建立需制定一套有效的激励机制，以鼓励教师积极参与科研成果的转化工作。平台还可以与地方政府和企业合作，共同推动科研成果转化为实际的生产力。此外，可以建立信息交流平台，从而使校企之间的交流更加畅通，使各方需求能够得到有效对接。通过这个平台，可以开展各类技术咨询、技术培训，以及各种技术服务，为乡村建设提供帮助，也能实现科研的研究和应用价值。

三、建立建筑设计类专业教育与乡村文化传承平台

建筑是乡村文化遗产的重要载体，为乡村传统文化遗产的保护与传承服务，是高职院校建筑设计类专业发展的使命。而培养乡村建筑设计类文化人才需要相应的乡村文化传承平台，因此，构建乡村文化传承平台是提升建筑设计类专业人才培养质量的关键因素，是促进乡村振兴发展的重要举措。

乡村文化传承平台需要体现乡村文化传承的设计理念，并融入建筑设计类专业课程中。此外，还需要体现对乡村文化内涵的理解与表达，以便设计出既符合现代风格和应用需要，又能体现乡村地域文化特色的建筑设计作品。

平台能够激发学生的创新意识和实践能力。通过平台，能够引入乡村真实的文化项目。学生通过项目的学习，加深对乡村实地的调研，了解乡村历史文化和民俗风情，使学生结合理论的学习，发现和解决实际问题，从而促进理论与实践技能的结合。同时，可以通过校企合作的模式，搭建一个"学以致用"的实践平台。企业的作用是提供实践案例和指导教师，并参与实践教学中，指导学生作品创作和评价的全过程，为乡村振兴培养所需要的设计人才。同时，还需要培养学生对待国际文化与本土文化的正确态度，辩证地看待本土文化与外国文化，以便设计出符合具有地域文化特色的设计作品。

四、打造建筑设计类专业师资队伍与乡村建筑产业的协同发展平台

基于乡村振兴战略的深入实施，高职院校建筑设计类专业师资队伍与乡村建筑产业的协调发展，是提高教育教学质量的关键。首先，应积极通过校企合作、产学研创结合等方式，建立与乡村产业互动的师资培养体系，如引进与培养具有乡村建设实践经验的双师型教师。这些教师要求具备扎实的理论功底与丰富的实践能力，能够将理论与实践相结合，从而提高教学的实践性。通过参与乡村建筑产业项目，可以提升教师教学的能力，了解乡村建设的发展需求，从而丰富教学内容，使培养的学生更加适应市场。其次，要建立与乡村建筑产业协调发展的平台，提升高职院校建筑设计类专业教学质量。该平台的建立由政府、企业、研究机构等方面共同合作完成。通过平台的功能，教师与企业可以共同开发教学内容和教学方法。最后，可以通过平台的功能，实施"双师型"导师制度，让校内导师承担理论教学部分，企业导师承担实践教学任务，并共同参与人才培养方案的制定、教学内容与方法的创新。此外，还要让学生积极参与乡村建筑的实践项目，这有利于增强学生的实践技能和创新能力。通过以上措施，可以搭建一个有效的平台，从而促进建筑设计类专业的人才培养和推动专业的发展。

五、搭建建筑设计类专业创新创业实践平台

搭建高职院校建筑设计类专业创新创业实践平台是培养乡村振兴设计人才的重要环节。此平台既可以促进理论与实践相结合，也是学生创新创业能力培养和设计创新精神培养的重要载体。平台的搭建，有利于将专业知识与乡村建设需求相融合，促进专业知识转化为实践技能，为乡村振兴建设制订出创新型的设计方案。在平台搭建的过程中，学校、企业、政府等多方主体也起到重要的作用。通过与这些主体的合作，有利于实现资源共享与互补，培养学生的实践能力，为乡村建设培养实用型人才。

创新创业实践平台的创建需要软硬件支持。其中，硬件主要是指实

训设备，软件主要包括专业的教学管理平台、项目管理制度、质量保障体系等。这是确保项目孵化成功的前提，也是确保平台功能有效发挥作用的基础。此外，创新创业实践平台的功能应与乡村建筑设计竞赛密切相关，通过平台的功能可以培养学生的设计创新意识和创新精神，从而为乡村振兴的发展提供创新性的设计方案。

在平台的搭建过程中，还需要有优秀的指导教师和专家团队，能够为乡村振兴的人才培养提供相应的指导和服务，提升学生的设计及其综合能力。此外，完善的机制是保障，如项目孵化机制、成果转化机制等，通过这些机制确保学生的创新创业活动能够得到有序运转，并产生良好的效益。

六、创建跨学科科研合作平台

创建跨学科科研合作平台是提升乡村振兴背景下建筑设计类专业产教研创融合的重要举措。跨学科科研平台不仅可以促进专业教学质量的提升，也可以提升教师的科学研究，为企业提供相应的人才，在平台搭建中要尽可能考虑促进产学研创用之间的融合，为乡村振兴的实施提供有力的支持。通过跨学科交流，有助于不同领域的资源整合，从而促进知识的交流和转化，推动产业、教育、科研及创新创业之间的深度融合，为乡村振兴的发展提供创新性的设计方案和技术支持。

跨学科科研合作平台是建筑设计类专业教师和学生提高能力的重要平台。在平台上，学生可以通过参与更具有实践性和挑战性的研究项目，增强学生解决实际问题的能力，从而激发其创新性思维和提高综合能力。教师可以通过平台，提升科研能力，将科研成果进行转化，丰富教学内容，提高专业教学质量。此外，跨学科科研合作平台促进了产学研创用的有机结合，从而提高了科研成果的转化效率。通过与设计行业及企业的紧密合作，教师和学生共同参与项目，将研究成果应用于实际设计项目中。这样做不仅验证了科研成果的实用性,而且还能在研究过程中发现问题,进而推动专业教学的进步。

平台的建立有助于资源的整合与共享。将设计理念、建筑技术、材料应用等方面的资源进行整合,可以丰富教学和研究内容,从而提升专业人才的培养质量。同时,平台的创新应促成长效的合作机制的建立,加强各方面的沟通与交流。定期参与交流会、研讨会等活动将有助于建立稳定的合作关系,并为乡村建设提供持续的人才支持。

第五节 乡村振兴背景下产教研创融合评价与反馈机制的优化

一、乡村振兴背景下高职院校建筑设计类专业评价机制的现状与问题分析

(一)构建适应乡村振兴的产教研创融合评价机制的必要性

在乡村振兴的背景下,高职院校建筑设计类专业构建产教研创融合评价机制有着重要的意义。它不仅关系到专业的发展前景,也影响到专业的可持续性发展,同时也是检验产教研创融合模式成效的重要途径。

乡村振兴发展的需求直接提出了对建筑设计类人才的培养需求,而完善的、科学性的评价机制可以保证培养的人才能够满足乡村建设的需求。

在评价机制建设中,要考虑有利于专业教学质量及其建设水平的提高,这是对高职院校建筑设计类专业建设和发展的重要保障。建立科学的评价机制,可以更加客观地反馈教育教学过程和结果。科学的评价机制能够反映出教学过程中所存在的问题,有利于教育者及时针对问题进

行教学方法和教学内容的调整，提升人才培养质量。同时，也有利于反馈学生的学习效果，并激励学生的学习积极性和主动性。此外，评价机制的完善，有利于整合教育资源，提升专业教学质量。通过建立教学评价机制，有利于对教学过程和教学内容等方面进行监控，保证教学质量。

（二）高职院校建筑设计类专业评价机制的现状

产教研创融合模式的评价机制是对高职院校建筑设计类专业产教研创一体化人才培养的重要反馈机制。但当前该评价机制主要存在以下几个方面的问题。

一是评价体系不健全。当前，在乡村振兴背景下，高职院校建筑设计类专业的产教研创一体化评价体系尚不完善，缺乏系统、全面反映产教研创融合的评估指标。这些指标包括教学与乡村产业发展的结合、学生就业与创新创业能力的培养、学生设计创新能力的高低，以及科研成果的转化与应用等方面，普遍缺乏这些指标。二是缺乏多方面的评估主体。当前，建筑设计类专业产教研创融合的评估主体较为缺乏，主要体现在校内评估，缺乏第三方的评价。这可能会导致评估结果的客观性和公正性。而第三方的评估结果可以增强社会的认可度。三是评价的内容与实施不一致。当前高职院校建筑设计类专业，其评价内容与项目实施的过程和目标不符合，没有反映出产教研创融合的效果及其过程。四是评价结果没有得到充分的运用。评价结果的及时反馈，也是促进建筑设计类专业进步与发展的重要步骤，但当前这方面还未得到普遍应用。主要体现在，在评估之后，没有针对评估结果及时改进教学方法和人才培养方案以及教学内容。

为了改变现状，学校应构建科学、合理、全面的产教研创融合评价体系，并根据评价结果及时优化和完善人才培养方案等教学资源。同时，也缺乏第三方教学评价机制和评价结果的反馈和应用机制，而第三方教学评价机制和评价结果的反馈和应用机制是实现教育质量与企业需求对接的重要途径,是促进乡村振兴高职院校建筑设计类专业产教研创融合的有效措施,能为乡村振兴提供有力的支持。

(三) 当前建筑设计类专业评价机制的主要问题

当前高职院校建筑设计类专业存在多方面的不足,影响了专业教学质量的提升和教学改革的深化。主要表现在评价内容单一和评价主体缺乏多元性。

在人才评价方面,没有体现建筑设计类专业产教研创融合的要求。评价内容仅仅体现在对结果的评价,忽视了过程性,尤其是对过程中的创新实践缺乏评价。而且,对有关乡村建筑产业、专业教学、教师科研、学生就业创业和设计创新能力融合方面的评价较为缺乏。这不利于调动教师、学生等多方面的积极性和创造力,也不利于产教研创的融合发展。

在评价主体方面,当前的评价主体主要体现在教学质量评价机构,如仅仅体现教师作为评价主体,而缺乏企业、学生、乡村等多元的评价主体。这种评价主体会影响评价结果的客观性和公正性,没有体现企业和乡村对人才的需求,评价形式单一,影响了评价的可信度和普遍性,不利于专业的发展和改进。

建立和完善产教研创融合的评价机制是一项重要又复杂的工程。当前高职院校建筑设计类专业发展中的评价机制不完善,不利于乡村振兴背景下的建筑设计类人才培养。因此,评价内容和评价主体的建立要考虑科学性和多元性,只有这样才能促进教育教学改革,提高人才培养质量,从而服务乡村振兴发展。

二、乡村振兴产教研创融合成效的评价机制构建

(一) 设立多方联动的评价主体

多方联动的评价主体是促进产教研创融合教学模式的关键。企业、高校、政府、行业是高职院校建筑设计类人才评价的重要主体。通过设

立多方联动的评价主体,可以促进评价科学化和多元化,是实现培养创新性和应用型的乡村振兴设计人才的关键。

企业在提供实践平台和提升人才培养质量中发挥着重要的作用。企业可以为专业教学提供实践项目平台,并可以根据市场的发展需求强化技能的培养,对人才培养过程中存在的不足提出相应的改进措施。高校在产教研创评价机制中也发挥着重要作用。高校在人才培养评价的过程中,能够同企业共同对教学相关资源进行合作评价,例如对人才培养方案、课程标准、教学设计等方面进行评价,以确保教学内容与企业对人才的需求相吻合。政府部门在人才培养中发挥引导和支持作用。这主要体现在制定政策方面,通过政策来鼓励企业人员积极参与到学校的育人过程中。在评价过程中,政府可以对人才培养的过程和结果进行评估,以确保人才的培养质量。行业以及协会也应该在产教研创融合发展中发挥重要的作用,行业可以提供人才培养的方案制定标准,促进资源的整合,为教学质量的提升做好铺垫,并参与到教学结果的评价中。

(二)精准设定建筑设计类专业产教研创融合模式的评价内容

乡村振兴背景下,建筑设计类专业产教研创融合的评价内容是评价人才培养质量的重要策略。在评价内容方面应体现多元化特征。首先,教师的科研与成果转化是推进乡村振兴,提高教学质量的重要环节。在评价中,要建立科学的科研成果转化评价体系,以衡量教师科研成果在乡村振兴建设中的贡献度,主要包括工程案例存在问题的解决、技术的推广、教学内容的丰富等方面。其评价标准主要考虑对项目的实际应用价值、社会经济效益、创新程度、人才培养质量的提升等方面。在教师科研成果评价中,可以体现教师的教育教学活动及其成效的评价,如运用科研进行课程改革、教材开发、教学方法创新等,从而改进专业教学和指导教师的专业发展。其次是要对校企合作的设计项目进行评价。校企合作是提高乡村振兴设计人才培养质量的关键,在评价中,要建立以乡村建设需求为导向的人才培养评价体系，并将学生在项目中的表现，以及企业合作项目的完成情况等纳入评价体系中，这主要包括校企合作项目的对接程度、教学过程与实际生产的融合效果、项目完成与项目成果的社会影响等方面。此外，还要建立关于学生设计创新能力的培养评估方案。学生设计创新能力的培养关系到乡村振兴建筑设计创新性的发展，其评价内容主要包括学生发现问题与解决问题的能力、学生参与实际的乡村设计项目的情况，以及解决乡村复杂设计工程的能力等，也可以包括创新创业教育成效的评价内容。创新创业教育成效的评价内容主要是关注学生的创新意识、实践能力和创新精神，并结合学生的创新创业项目和成果转化情况等方面进行评价。最后，创新创业与就业的能力评价也是产教研创融合模式的重要评价内容，这主要包括设计创新思维、团队合作、沟通协调等方面。评价方式可以从项目作品、创新创业项目的实施情况、实习与就业等多个维度展开。通过这样的评价体系来激励学生的积极性，为学生的创新创业能力培养奠定基础。

（三）建筑设计类专业产教研创融合模式的评价反馈

在乡村振兴的发展背景下，高职院校建筑设计类专业产教研创一体化模式是对人才培养方式的重要改革。该模式旨在培养符合乡村振兴需求的建设人才，以提升学生发现问题与解决问题的能力。而人才培养的质量需要有科学的评价与反馈的过程来保证，因此，建立一套有效的评价与反馈机制是建筑设计类专业产教研创融合模式的基础。该评价体系主要包括学生的综合能力、就业质量、创新创业能力以及服务乡村建设的能力等。评价主体要确保多元性，体现评估的客观性和科学性。在评价结果方面也要做出及时的反馈，并要根据反馈提出改进措施，确保教育教学与乡村振兴发展需求相结合。

第六章 乡村振兴背景下高职院校建筑设计类专业产教研创融合的改革实践

——以广西现代职业技术学院为例

在乡村振兴背景下，高职院校建筑设计类专业产教研创融合的改革与实践具有重要的现实意义。本文以广西现代职业技术学院为例，从教学内容与课程体系的优化、教学方法与手段的创新、教学评价与反馈机制的建立三个方面进行了探讨，旨在为我国高职建筑设计类专业的改革与发展提供借鉴。

乡村振兴战略是新时代我国农村工作的总抓手，对于改善农村生产生活条件、推动农村经济发展具有重要意义。高职教育作为培养高素质技能型人才的重要渠道，在乡村振兴背景下，应充分发挥自身优势，深化产教研创融合，为乡村振兴提供有力的人才支撑。如何在乡村振兴背景下进行产教研创融合的改革与实践，成为建筑设计类专业当前亟待解决的问题。

第一节 乡村振兴建筑设计类专业教学内容与课程体系的优化

一、乡村振兴背景下建筑设计类专业教学内容的调整与更新

为顺应乡村振兴战略背景下建筑设计行业的发展需求，高职院校建

筑设计相关专业教学内容亟需不断调整与更新。结合乡村建设的实际情况，完善绿色建筑、生态建筑、节能建筑等领域的知识体系，以培养学生在现代建筑技术方面的能力。同时，加强实践环节教学，通过增加现场考察、实习实训等教学活动，提升学生的实际操作技能。此外，还应重视跨学科知识的整合，引入相关领域的先进技术和方法，拓展学生的知识面。

（一）融入乡村振兴的建筑设计理念

在教学内容中融入乡村振兴的建筑设计理念，强调生态、环保、可持续的设计原则至关重要。可增设绿色建筑、节能建筑、生态建筑等相关课程，使学生能够充分理解并掌握在乡村建设中应用新型建筑技术的策略。通过案例教学法，例如分析成功实施的乡村生态旅游项目、文化保护与开发项目等，有助于学生深入理解乡村振兴项目的实际需求和设计关键点。

案例 6-1

广西现代职业技术学院的建筑设计类专业与周边乡村携手合作，共同实施了"生态乡村家园"的设计实践项目。该项目的核心目标在于将乡村振兴的建筑设计理念融入其中，以期改善乡村居住环境，并推动乡村经济的发展。

在本项目中，学生深入探究了乡村地区的自然生态、文化特征以及社会经济发展的现状。通过与当地居民进行深入交流，学生掌握了居民的实际需求与期望。基于此，学生运用其掌握的建筑设计理论知识与实践技能，结合乡村振兴战略下的建筑设计理念，进行了生态乡村家园的规划设计工作。

在设计过程中，学生特别强调生态、环保以及可持续性设计原则的应用。他们采纳了绿色建筑材料，并设计了自然通风与采光系统，以充分利用可再生能源。此外，亦重视保护与发扬本土文化特色，将乡村的历史文化元素整合至建筑设计之中,从而实现建筑与周边环境的和谐统一。

在本项目的实施过程中,学生不仅掌握了在乡村振兴背景下进行建筑设计的理念与方法论,而且显著提升了其实践技能与创新思维。项目竣工后,生态乡村家园获得了地方政府及居民的广泛赞誉,并成为乡村振兴的示范性项目。

本案例阐述了在乡村振兴战略背景下,高职院校建筑设计类专业如何整合乡村振兴的建筑设计理念,以提升教学品质,并培育能够满足乡村振兴战略需求的高素质技术技能型人才的策略与成效。通过此类实践,学生得以将理论知识与实际项目相结合,从而增强其专业素质和综合能力。

(二)强化实践教学

实践教学环节在高等职业教育体系中占据核心地位,对于提高学生的实操技能及解决现实问题的能力具有不可替代的作用。教学内容的充实应涵盖现场考察、实习实训等关键环节,以确保学生能够直接参与乡村建筑的设计与施工流程。例如,通过与地方政府或企业建立合作关系,开展乡村建设项目的现场调研与设计实践活动,使学生在真实项目环境中学习并运用其专业知识。

案例 6-2

广西现代职业技术学院的建筑设计类专业与地方建筑企业携手合作,共同建立了乡村建筑实习实训基地。该基地坐落于一个正在进行的乡村振兴项目区域,为学生提供了实地考察、实习实训以及参与项目设计的机会。

在实训基地,学生们参与了多个乡村建设项目的设计和施工。他们与专业建筑师协同工作,学习建筑设计的实际操作和项目管理。学生们参与了项目的各个环节,包括项目选址、方案设计、施工图绘制、施工指导和后期评估等。

通过与专业建筑师的紧密合作，学生们不仅学到了建筑设计的专业知识和技能，还了解了乡村建设的实际情况和面临的挑战。他们深入了解了乡村的自然环境、文化特色和社会经济发展状况，并能够将所学的理论知识与实际项目相结合，提出创新的设计方案。

此外，实训基地还组织了乡村建筑设计的竞赛和展览，学生们可以展示自己的设计作品，并与其他学生和专业人士进行交流和分享。这些活动不仅提高了学生们的实践能力，还激发了他们的创造力和创新精神。

本案例展示了在乡村振兴战略背景下，高职院校建筑设计类专业如何通过加强实践教学环节，提升学生解决实际问题的能力。通过与行业企业合作建立实训基地，学生得以直接参与乡村建设项目的实践活动，实现理论知识与实际操作的有机结合，努力成为符合乡村振兴战略需求的高素质技术技能人才。

（三）融合跨学科知识

建筑设计不仅涵盖建筑物本身的设计，还涉及环境科学、地域文化、社会学等多个学科领域。因此，教学内容应重视跨学科知识的整合，引入相关学科的前沿技术与研究成果。例如，可以设置关于乡村社会与文化、环境与可持续性、历史建筑保护等课程，使学生从多维度理解和掌握乡村建筑设计的综合知识。

案例 6-3

广西现代职业技术学院的建筑设计类专业与多个学科领域携手合作，开展了一项名为"乡村综合体"的跨学科设计实践项目。该项目的核心目标在于整合建筑学、环境科学等多学科知识，以探索乡村建设的综合发展模式。

在该项目实施过程中，学生群体组建了跨学科团队，成员涵盖建筑学、环境科学、社会学以及市场营销等不同专业的学生。他们共同参与

第六章　乡村振兴背景下高职院校建筑设计类专业产教研创融合的改革实践　139

"乡村综合体"项目的设计与规划工作，通过跨学科合作的模式，学生们得以从多维度理解和应对乡村建设过程中所面临的问题。

建筑设计类专业的学生主导了建筑设计与规划工作，他们在设计中充分考虑了乡村的自然环境与文化特征，提出了具有地方特色的建筑设计方案。环境科学专业的学生则专注于项目的可持续性与环境保护，提出了关于绿色建筑、节能技术以及生态友好型建筑设计方案。社会学与市场营销专业的学生则对乡村社会经济的发展状况和市场需求进行了深入研究，为项目提供了社会经济效益的分析与建议。

本案例展示了在乡村振兴战略背景下，高职院校建筑设计类专业如何通过整合跨学科知识，培养具备综合能力的高素质技术技能型人才。学生参与跨学科设计实践项目，不仅掌握了多学科的知识与技能，还提升了团队协作及解决复杂问题的能力。此类跨学科合作模式有助于学生深入理解并适应乡村振兴的多元需求，为乡村建设提出更为全面和创新的举措。

（四）结合地方特色

不同地域的乡村地区，拥有各自独特的历史文化背景、自然环境特征以及社会经济发展的特定状况。因此，教学内容的制定应充分考虑地方特色，针对各乡村的特定条件进行精心设计与适时调整。例如，可以邀请熟悉地方特色的建筑师或相关领域专家，开展专题讲座，分享其对本土建筑设计理念的深刻理解与实践经验；此外，亦可组织以地方乡村为依托的设计工作坊，鼓励学生结合具体实际情况，进行创新性设计实践。

案例 6-4

广西现代职业技术学院的建筑设计类专业与地方政府及文化部门携手合作，共同推进了一项名为"河池乡村文化驿站"的设计实践项目。该项目聚焦于河池地区，该地区以多元的少数民族文化、壮丽的山水景观以及传统村落而著称。项目的核心目标在于通过建筑设计手段，充分展现河池的地方文化特色，并为乡村地区构建一个展示及交流文化的平台。

在项目实施过程中，学生们首先进行了深入细致的地方文化调研工作，涵盖了对河池地区壮族、瑶族等少数民族的历史、建筑风格、民俗习惯等多方面的深入探究。通过与当地文化传承者及村民的直接交流，学生们收集了大量第一手资料，为后续的设计工作奠定了坚实的基础。结合所掌握的建筑学知识与技能，以及河池地区的文化特色，学生们着手进行文化驿站的设计工作。在设计中，他们巧妙地融入了壮族的干栏式建筑、瑶族的鼓楼等地方建筑元素，并结合现代建筑设计理念，创造出既满足现代使用功能又彰显地方文化特色的建筑形态。

在设计实践过程中，学生们亦充分考虑了可持续发展与环保原则，例如采用当地天然材料、优化建筑的节能与环保性能等。此外，他们还规划了与文化驿站相辅相成的景观及公共空间设计，旨在打造一个促进村民与游客之间文化交流的综合性场所。

本案例展示了高等职业院校建筑设计类专业如何融合地域特色，培养出既理解并尊重地方文化，又具备现代建筑设计技能的高素质技术人才。学生参与此类设计实践项目，不仅深化了对地方文化的理解，还提升了其设计实践与创新能力。此类项目对于促进乡村振兴、保护与传承地方文化具有显著意义。

二、乡村振兴背景下课程体系的重构与整合

在乡村振兴背景下，高职建筑设计类专业应着手重构课程体系，实现产教研创的深度融合。具体而言，需对课程结构进行合理调整，加大实践性课程的比重，以便使学生能够更顺畅地将理论知识应用于实践操作中。同时，深化校企合作，携手开发课程，并引入企业真实项目，增

强课程的实用性和针对性。此外，还需注重课程间的相互衔接与整合，构建一个系统化的课程体系，为学生提供全面且连贯的专业知识体系。

广西现代职业技术学院（以下简称"学院"）的建筑设计类专业，在乡村振兴战略的推动下，对课程体系进行了全面重构与整合，以更好地契合行业发展趋势与地方实际需求。

（一）课程内容模块化

对既定课程体系实施了模块化重构，细分为基础理论模块、专业技能模块及实践操作模块。基础理论模块专注于建筑学的核心理论与基础知识，专业技能模块则包含乡村建筑设计、生态建筑学、历史文化保护等专业课程，而实践操作模块则整合了实习实训、项目设计等实践环节。此类模块化课程设计赋予学生依据个人兴趣及职业发展规划选择适宜课程的权利，体现了灵活性。

（二）增设跨学科课程

为提升学生的综合素质，本院特别增设了跨学科课程，包括环境科学、乡土文化研究、社会学等，旨在使学生在掌握建筑设计知识的同时，亦能深入理解与乡村建设相关的其他学科领域的知识体系。该系列课程由来自不同专业的教师共同承担教学任务，有效促进了学科间的沟通与整合。

（三）强化实践教学

加大实践教学在课程体系中的比重，将实践环节融入整个教学过程。除实习实训及项目设计外，学院与地方政府及企业携手合作，建立了校外实践基地，为学生提供了参与真实乡村建设项目的机会。此类实践教学模式使学生得以将理论知识与实际操作相结合，从而增强了解决实际问题的能力。

（四）课程评价机制多元化

学院对课程评价体系进行了革新，引入了多元化的评价机制，涵盖教师评价、同伴评价、自我评价以及实际项目评价等多种形式。此类多元评价体系能够全方位地评估学生的学习成效，进而激励学生更加重视实践技能的提升。

通过对课程体系进行重构与整合，学院的建筑设计类专业得以更有效地适应乡村振兴战略的需求，培养出综合能力较强的高素质技术技能型人才。此类教育改革不仅提升了教学品质，还加强了教育与地方经济的深度融合，为乡村振兴战略的实施提供了坚实的人才支撑。

第二节 乡村振兴背景下建筑设计类专业教学方法与手段的创新

一、教学方法的改革

高职建筑设计类专业的教学质量提升需依托多维教学策略的系统性革新。立足行业实际需求，课堂教学可构建三阶推进模型——以案例解析渗透设计理论，组织学生通过商业综合体、历史街区改建等具象项目的剖析，掌握功能布局与空间营造的核心法则；依托产教协同平台创设真实工程环境，通过校企合作开发模块化项目，在结构设计、施工图深化等阶段培养学生全流程协作能力与技术转化思维；同步构建智慧教学矩阵，搭建VR建模实验室与云端案例库实现沉浸式研习，应用慕课资源展开分层次研讨，辅以移动端即时反馈系统优化师生互动效能，从而形成理论浸润、实践深化、数字化赋能的立体化教学闭环。

案例 6-5

为增强广西现代职业技术学院建筑设计类专业学生的实践技能与创新意识，学院实施了系列教学方法的革新。其中，项目驱动教学法以真实项目为核心，使学生在解决实际问题的过程中掌握并运用专业知识。

在项目驱动教学法的框架下，学生被编成小组，参与真实的建筑设计项目。例如，学院与地方政府合作，承担了一项乡村文化中心的设计项目。学生需从项目启动阶段即参与其中，参与内容涵盖项目调研、方案设计、施工图绘制，直至施工指导和项目评估。

在项目实施过程中，学生面临多种实际设计挑战，包括如何满足功能需求、如何整合地方文化元素、如何提升经济效益与可持续性等。这些问题推动学生将理论知识与实践相结合，探索创新的解决策略。除项目驱动教学法外，学院亦采用了翻转课堂与混合式教学策略。学生在课前通过网络平台学习教学视频和相关文献，课堂上则进行讨论、设计实践和项目评审。此类教学模式显著提升了学生的参与度和自主学习能力。

通过这些教学方法的改革，学生在建筑设计课程中的学习成效显著提升。他们不仅掌握了专业知识，还提升了团队协作、沟通交流及问题解决的能力。这种以学生为中心、以实践为导向的教学模式，为培养适应乡村振兴战略需求的高素质技术技能型人才提供了坚实支撑。

二、立体化革新教学手段

在乡村振兴背景下，高职建筑设计类专业应丰富和拓展教学手段。具体而言，一方面，需充分利用现代信息技术手段，例如虚拟现实（VR）和增强现实（AR）技术，以打造沉浸式的学习环境，增强学生的实践感知能力。另一方面，应强化实践教学设施的建设，包括建筑模型实验室、建筑信息模型（BIM）技术中心等，为学生打造实践操作的平台，提升其专业技能。此外，还需积极开展校企合作，共同构建产学研创融合基地，为学生提供实习实训和创新创业的契机，培养其综合素质。

案例 6-6

为丰富教学手段并提升教学质量，建筑设计类专业积极引入了多种现代化教学技术，包括虚拟现实（Virtual Reality，VR）、增强现实（Augmented Reality，AR）以及建筑信息模型（Building Information Modeling，BIM）技术。

在教学实践中，教师借助 VR 和 AR 技术为学生打造沉浸式学习环境。以古建筑修复与保护课程为例，学生通过佩戴 VR 头盔，得以进入一个虚拟的古代建筑环境，从而深入体验古建筑的结构与美学特质。在乡村建筑设计课程中，学生运用 AR 技术将设计模型与真实乡村环境相结合，直观地观察设计成果与现实环境的融合效果。

学院进一步建立了 BIM 技术中心，并将 BIM 技术整合至建筑设计课程体系中。学生通过 BIM 软件进行建筑信息的创建、管理和共享，以提高设计的精确度和效率。例如，在乡村综合体设计项目中，学生利用 BIM 软件构建建筑模型，进行能耗、光照和结构分析的模拟，进而优化设计方案。此外，学院强化了与企业的合作，共同建设产学研创融合基地，使学生能够直接接触最新的设计软件和工具，并有机会参与企业实际项目，将理论知识应用于实际工作中。

通过这些丰富的教学手段，学生在建筑设计课程中的学习体验得到了显著提升。他们不仅掌握了先进的设计技术，还提高了设计实践能力和创新能力。这种以技术为导向、以实践为基础的教学方法为培养适应乡村振兴需求的高素质技能型人才提供了有力支持。

第三节　乡村振兴背景下建筑设计类专业教学评价与反馈机制的建立

一、构建教学评价体系

为切实保障教学质量，高职建筑设计类专业亟需构建科学合理且系统完备的教学评价体系。在学生评价机制方面，应摒弃单一评价模式，转而采用多元化的评价方式。通过综合考量学生的课堂表现、作业完成情况以及实践操作能力等多维度因素，实现对学生学习效果的全面、客观评估，从而精准把握学生的学习进展与能力提升情况。在教师评价环节，需聚焦于教师的教学水平、教学态度以及教学成果等关键要素。通过对教师教学全过程的深度剖析与科学评价，精准识别教师在教学实践中的优势与不足，进而为教师的专业发展提供明确的方向指引与有力的支持保障，助力教师不断提升教学能力和专业素养。此外，建立健全教学质量监控体系亦是保障教学质量的关键。通过定期对教学质量进行全面评估与深入分析，并及时反馈评估结果，形成闭环式的质量监控机制。这不仅能够精准识别教学过程中存在的问题与不足，还能够为教学改进提供科学依据，从而确保教学质量在持续改进中稳步提升，为高职建筑设计类专业人才培养质量的提升筑牢根基。

案例 6-7

为全面评估学生的学习成果，广西现代职业技术学院（以下简称"学院"）建筑设计类专业构建了一套教学评价体系。该体系涵盖过程评价、成果评价和能力评价三个维度，旨在全面、客观地反映学生的专业素养和综合能力。

1. 过程评价。学院对学生在课堂表现、学习态度、作业完成等方面情况进行定期评价。教师通过观察学生在课堂上的参与度、提问和讨论的积极性，以及作业的完成质量，对学生的学习过程进行评价。这些评价结果作为学生学习过程的重要依据，有助于学生及时发现并改进自己的学习方法。

2. 成果评价。学期末，学生须提交课程设计作品，并进行公开答辩。教师和行业专家组成的评审团，依据设计理念、创新程度、技术合理性、是否符合乡村实际需求等标准，对学生的设计作品进行评价。这种成果评价方式促使学生更加注重实践能力的培养，提高设计作品的质量。

3. 能力评价。学院设置了专业能力测试，包括建筑设计基础知识测试、软件操作技能考核等。此外，学院还鼓励学生参加各类专业竞赛和证书考试，以证明自己的专业能力。这些能力评价结果作为学生专业素养的重要体现，为学生就业和未来发展提供了有力支持。

通过构建这套教学评价体系，学院的建筑设计专业能够全面、客观地评估学生的学习成果，促使学生更加注重专业素养和综合能力的提升。这种评价体系有助于提高教学质量，培养出适应乡村振兴需求的高素质技能型人才。

二、完善教学反馈机制

为及时了解教学效果，高职院校建筑设计类专业应完善教学反馈机制。具体而言，需构建多元化的学生反馈渠道，例如问卷调查、专题讨论会等，以便及时捕捉并响应学生的需求与意见。在此基础上，进一步推动教师间的深入交流与合作，通过组织教学观摩、教学研讨等系列活动，实现教学智慧的共享，以期提升整体教学水平。同时，强化与企业的联动机制，密切跟踪行业需求与发展态势，据此灵活调整教学内容及课程体系，确保教育的时效性与实用性。

案例 6-8

建筑设计类专业为了及时了解教学效果，不断完善教学反馈机制，确保教学质量的持续提升。

建立多种学生反馈渠道，包括定期进行的学生满意度调查、座谈会、设立教学反馈箱等。学生可以就教学内容、教学方法、教师表现等方面提出意见和建议。这些反馈信息由专人负责收集和分析，为教学改进提供依据。例如，在每学期末，学院会组织一次学生满意度调查，了解学生对本学期课程的满意度，以及对教学方法和教师教学的评价。调查结果会反馈给相关教师和教学管理部门，以便及时调整教学策略。

鼓励教师之间的交流与合作，开展教学观摩、教学研讨等活动，分享教学经验，提高教学水平。例如，学院每学期会组织一次教学观摩活动，邀请教师相互观摩课堂教学，并在课后进行交流和讨论。这种活动有助于教师了解不同的教学方法和手段，相互学习，共同提高。

学院加强与企业的沟通与合作，了解行业需求和发展动态，及时调整教学内容和课程体系。例如，学院会定期邀请企业专家来校举办讲座和研讨，请他们分享行业最新技术和趋势。同时，学院也会派教师到企业进行实践和调研，了解企业的实际需求，以便更好地培养学生的实践能力。

通过完善教学反馈机制，能够及时了解教学效果，不断调整和改进教学方法，提高教学质量。这种反馈机制有助于学院与教师、学生和企业保持良好的沟通，促进教学质量的持续提升。

在乡村振兴背景下，高职院校建筑设计类专业产教研创融合的改革与实践具有重要的现实意义。通过优化教学内容与课程体系、创新教学方法与手段、建立教学评价与反馈机制，有助于提高教学质量，培养适应乡村振兴需求的高素质技能人才。然而，改革与实践仍需不断深化，以适应乡村振兴战略的新要求。

第七章　乡村振兴背景下高职院校建筑设计类专业产教研创融合实践成效评估

——以广西现代职业技术学院为例

在乡村振兴战略的背景下,高职院校建筑设计类专业的产教研创融合实践显得尤为重要。本研究从五个维度——人才培养质量、科研引领成效、校企合作成效、教学改革成效以及创新创业成效进行了深入探讨,目的在于为高职院校建筑设计类专业的产教研创融合实践提供理论支持和实践指导。

高职院校建筑设计类专业的产教研创融合实践对人才培养、科研引领、校企合作、教学改革以及创新创业等方面具有深远的影响。本章针对上述五个维度对高职院校建筑设计类专业的产教研创融合实践成效进行了系统评估,期望为我国高职院校建筑设计类专业的教育改革提供参考和借鉴。

第一节　乡村振兴战略背景下建筑设计类专业人才培养质量评估

一、评估指标体系构建

人才培养质量评估指标体系应当涵盖专业知识、实践能力、综合素质、创新能力以及就业质量等多个维度。针对乡村振兴战略背景下的高职院校建筑设计类专业特性，学院构建了一套与之相匹配的评估指标体系。

案例 7-1

在构建评估指标体系的过程中，广西现代职业技术学院（以下简称"学院"）的建筑设计类专业综合考量了多个关键维度，包括学生对专业知识的掌握程度、设计软件的操作能力、项目实践的经验积累、创新设计的能力以及职业素养。这些指标全面覆盖了学生从入学到毕业的整个学习周期，以及他们未来就业和职业发展的核心技能。

经过对近年来建筑设计类专业毕业生的就业数据进行深入分析，学院注意到，那些在项目实践和创新设计方面表现卓越的学生，通常能够更快地获得就业机会，并在职场上有出色的表现。这些数据揭示了项目实践和创新设计能力对于学生职业准备的重要性。在构建评估指标体系的过程中，学院借鉴了包括全面质量管理理论（TQM）、成人学习理论、建构主义学习理论在内的多种教育评估理论。这些理论突出了学习者的核心地位、学习的主动性和实践性，以及学习过程的重要性。基于这些理论，学院将全面提升学生能力作为评估的核心目标，而不仅仅是知识的积累。

通过综合案例分析与数据统计，建筑设计类专业建立了一套融合定量与定性指标的评估体系。定量指标，例如项目完成的数量、竞赛中获奖的频次等，能够客观地量化学生的实践与创新能力；而定性指标，如设计作品的品质、团队协作能力等，则通过教师的评价、同行评审等手段进行主观性评估。这种评估体系不仅能够全面地反映学生的学习成效，而且为教学方法的优化提供了翔实的反馈数据。

通过分析这个案例，可以了解到高职院校在建筑设计类专业构建评估指标体系的过程中，是如何将具体实践与理论研究成果相结合，从而制定出一套科学合理的评估标准，推动人才培养质量的持续提升。

二、评估方法与过程

采用定量与定性相结合的方法对人才培养质量进行评估。通过问卷调查、访谈、实地考察等多种方式收集数据，并运用统计分析、案例分析等方法对所收集的数据进行深入分析。

案例 7-2

广西现代职业技术学院（以下简称"学院"）的建筑设计类专业采用了多元化的评估方法，涵盖了学生自评、同行评价、教师评价以及校外专家评价。这些方法融合了定量和定性的评估手段，例如问卷调查、访谈、作品展示、项目报告等。借助这些方法，学院能够全面地评估学生在专业知识掌握、实践技能运用、创新能力展现以及职业素养培养等方面的表现。

在对学生设计作品进行评估时，学院应用了一套评分标准，该标准包括设计理念、技术合理性、创新程度，以及是否符合乡村实际需求等多个维度。通过对这些评分数据的深入分析，学院发现学生在设计理念和创新程度方面的表现较为出色，然而在技术合理性和满足乡村实际需求方面尚需进一步提升。这些数据分析结果为教学提供了宝贵的反馈，有助于指导未来教学的改进。

综合案例分析和数据解读，该专业在评估方法与过程的设计上展现了以下特点：

评估主体的多元化：结合了学生自评、企业评价、教师评价以及校外专家评价，确保了评估的全面性和客观性。

定量与定性评估的结合：通过定量数据（如评分、项目数量）和定性描述（如作品质量、创新能力）的结合，全面评估学生的综合能力。

评估过程的系统性：从背景、输入、过程到成果的全过程评估，确保了评估的连贯性和系统性。

反馈与改进的机制：评估结果及时反馈给学生和教师，作为教学改进的重要依据。

通过分析这个案例，我们能够观察到高职院校中建筑设计相关专业是如何将评估方法与过程的设计与实际情况及理论研究成果相结合，从而制定出一套科学且合理的评估流程，从而推动教学质量的持续提升。

三、评估结果与分析

基于评估结果，深入分析高职院校建筑设计类专业在产教研创融合实践方面对人才培养的成效与存在的不足，并提出相应的改进措施。

案例 7-3

广西现代职业技术学院（以下简称"学院"）的建筑设计类专业对产教研创融合实践的评估结果进行了深入分析。通过问卷调查、访谈、作品展示和项目报告等多种方式收集数据，学院对学生在专业知识、实践能力、创新能力和职业素养等方面进行了全面评估。

经过对收集到的数据进行深入分析，学院发现学生在专业知识方面表现优秀，但在实践能力、创新能力和职业素养方面仍有提升空间。特别是在实践能力方面，学生参与的项目实践经验相对较少，需要加强实践教学环节。综合案例和数据分析，该专业在评估结果与分析方面展现了以下特点。

全面性。评估结果全面覆盖了学生的专业知识、实践能力、创新能力和职业素养等方面，体现了全面发展的教育理念。

客观性。通过多种方式收集数据，确保评估结果的客观性和准确性。

发展性。评估结果的分析不仅关注学生的知识掌握，更注重其全面发展，为教学改进提供了方向。

反馈与改进。评估结果及时反馈给学生和教师，作为教学改进的重要参考。

通过这个案例，我们可以观察到高职院校中建筑设计类专业是如何将评估结果与分析相结合，依据实际情况和理论研究成果，制定出一套科学且合理的分析方法，从而推动教学质量的持续提升。

第二节　乡村振兴背景下建筑设计类专业科研引领成效评估

一、科研项目与成果

对高职院校建筑设计类专业教师在乡村振兴背景下的科研项目数量、级别及其成果进行统计，以评估这些科研项目的实践价值和其在引领发展中的作用。

案例 7-4

广西现代职业技术学院（以下简称"学院"）的建筑设计类专业与当地政府和企业紧密合作，承担了众多与乡村振兴相关的科研项目。这些项目涵盖了乡村生态建筑设计、历史文化保护、绿色建筑材料研发等多个领域。通过参与这些科研项目，学生和教师不仅参与了实际的设计和研发工作，还显著提升了实践技能和创新能力。

学院对科研项目的数量、级别、成果等数据进行了深入分析，发现这些项目在提升教学质量、促进学生创新能力培养等方面取得了显著成效。例如，参与科研项目的学生在相关竞赛中获奖率较高，毕业后在乡村建筑设计领域的就业率也较高。综合案例和数据分析，该专业在科研项目与成果的评估方面展现了以下特点。

1. 科研项目与乡村振兴的实际需求紧密结合，具有显著的实践意义。

2. 科研项目的成果能够广泛应用于教学、实践和行业，具有较高的推广价值。

3. 学生和教师在科研项目中积极参与，有效提升了他们的实践技能和创新能力。

4. 科研项目与成果的评估结果及时反馈给学院和相关教师，为教学改进提供了宝贵的指导。

通过这个案例，我们可以观察到高职院校中建筑设计类专业是如何在科研项目与成果的评估过程中，结合实际情况与理论研究成果，制定出一套科学合理的评估标准，进而推动教学质量的持续提升。

二、科研与教学的融合

探讨科研与教学结合的紧密程度，包括科研项目转化为教学内容的比例、科研成果在教学中的应用等方面。

案例 7-5

广西现代职业技术学院的建筑设计类专业通过科研与教学的紧密结合，显著提升了学生的实践能力和创新能力。学院积极倡导教师将科研项目融入教学内容，确保学生在学习过程中能够掌握最新的设计理念和技术。此外，学院还鼓励学生参与教师的科研项目。通过亲身参与科研活动，学生能够将理论知识与实践操作相结合，从而增强解决实际问题的能力。

学院对参与教师科研项目的学生进行了持续的跟踪调查，结果表明，这些学生在实践能力、创新能力和职业素养方面表现尤为出色。他们在各类相关竞赛中获奖率明显较高，毕业后在乡村建筑设计领域的就业率也相对较高。这些数据充分证明，科研与教学的紧密结合对学生综合能力的提升具有显著的正面影响。综合案例分析和数据统计，该专业在科研与教学结合的评估方面展现了以下显著特点。

1. 科研项目与教学内容的深度融合，展现了其显著的实践意义。

2. 学生积极投身于教师的科研项目，有效提升了他们的实践技能和创新能力。

3. 科研项目的成果能够被有效地应用于教学和实际项目中，具有较高的推广潜力。

4. 科研与教学结合的评估结果被及时反馈给学院及教师，为教学方法的持续改进提供了宝贵的指导。

本案例展示了高等职业技术院校中建筑设计相关专业在科研与教学融合评估领域的实践，揭示了如何依据现实状况与理论研究成果，构建一套科学合理的评估体系，从而推动教学品质的持续优化。

三、科研引领实践成效

评估科研引领在提升教学质量、促进学生创新能力建设等方面具有实际效果。

案例 7-6

广西现代职业技术学院（以下简称"学院"）的建筑设计类专业通过科研项目引领实践教学，显著提升了学生的实践能力和创新能力。学院积极倡导教师将科研项目融入教学内容，确保学生在学习过程中能够掌握最新的设计理念和技术。此外，学院还鼓励学生参与教师的科研项目，通过亲身参与科研活动，学生能够将理论知识与实践相结合，增强解决实际问题的能力。

数据分析显示，参与教师科研项目的学生在实践能力、创新能力和职业素养方面表现尤为出色。他们在相关竞赛中获奖率较高，毕业后在乡村建筑设计领域的就业率也显著高于平均水平。这些数据充分证明，科研引领在提升学生综合能力方面具有显著效果。

综合案例分析和数据分析，该专业在科研引领实践成效评估方面展现了以下特点：

1. 科研项目与乡村振兴的实际需求紧密相连，具有很大的实践意义。

2. 学生积极投身于教师的科研项目，有效提升了自身的实践能力和创新能力。

3. 科研项目成果能够被应用于教学和实际项目中，具有较高的推广价值。

4. 科研引领实践成效评估结果及时反馈给学院和相关教师，为教学方法的持续改进提供了重要指导。

通过这个案例，我们可以了解到高职院校的建筑设计专业是如何在科研引导实践成效评估领域，结合具体实践和理论研究成果，制定出一套既科学又合理的评估标准，进而推动教学质量的持续提高。

第三节 乡村振兴背景下建筑设计类专业校企合作成效评估

一、校企合作模式分析

校企合作模式是指学校与企业之间建立合作关系，共同开展教育培训、科研合作、人才培养等活动的方式和机制。主要模式一般有如下几种。

一是实训合作模式。学校与企业合作开展实习实训项目，让学生在企业实践岗位上接受专业培训，提升实践能力和就业竞争力。企业提供实践机会，学校提供教学指导和监督。

二是产学研创合作模式。学校与企业合作进行科研项目，共同开展科技研究、技术转移等活动，促进科研成果的转化和应用。学校提供科研支持和专业知识，企业提供实践场地和资源支持。

三是人才培养合作模式。学校与企业合作共同培养人才，定制专业课程、职业技能培训等项目，满足企业用人需求。学校与企业共同制定培养计划，提供实习机会和就业保障。

四是企业赞助与捐赠模式。企业向学校提供赞助资金或捐赠设备设施，支持学校教育事业发展。学校在回报企业的同时，改善教学条件和提升教育质量，实现双赢局面。

五是产教融合模式。学校与企业实现产教融合，对接教学资源和企业实践需求，打破学校与企业之间的界限，促进知识、技能和经验的共享与交流，推动教学与实践的有机结合。以上是一些常见的校企合作模式，学校和企业可以根据具体需求和资源情况选择适合的合作模式，共同促进教育与产业的融合发展。

案例 7-7

广西现代职业技术学院的建筑设计类专业与当地一家大型建筑企业建立了紧密的校企合作关系。合作模式涵盖了实习实训基地共建、订单式培养、产学研创合作等多个方面。通过这些合作模式，学生有机会参与企业的实际项目，深入了解行业需求，从而提升实践能力。同时，企业也通过这种合作模式培养出符合自身需求的高素质技术技能型人才。

通过对校企合作项目的数量、合作深度、广度、稳定性等方面的数据进行分析，学院发现这些合作项目在促进人才培养、教师队伍建设、科研与技术服务等方面取得了显著成效。例如，参与校企合作项目的学生在相关竞赛中获奖率较高，毕业后在乡村建筑设计领域的就业率也较高。

通过分析，该专业在校企合作模式方面体现了以下特点。

1. 合作模式具有多样性。学院与企业建立了多种合作模式，包括实习实训基地共建、订单式培养、产学研创合作等,以满足不同合作需求。

2. 校企合作项目紧密结合乡村振兴的实际需求,具有明显的实践意义。

3. 学生积极参与校企合作项目,提高了他们的实践能力和创新能力。

4. 校企合作项目成果能够应用于教学和实际项目,并具有一定的推广价值。

5. 校企合作模式分析结果及时反馈给学院和企业,为教学改进和合作模式优化提供了指导。

通过这个案例,我们可以了解到高职院校中建筑设计类专业在校企合作模式的分析领域,如何将实际情况与理论研究成果相结合,制定出一套科学且合理的分析方法,从而推动教学质量的持续提升。

二、校企合作成效评价指标

对校企合作成效进行评估意义重大,它能助力校企双方及时调整合作策略、改进合作方式,进而实现更佳的合作效果。以下是一些常用于评估校企合作成效的指标。

一是就业率。就业率是衡量校企合作成效的关键指标之一,直观反映出合作是否切实促进了学生的就业。借由校企合作,学校得以与企业建立起更为紧密的关系,为学生创造更多实习与就业机会。这不仅使学生得以深入了解职场需求、提升自身竞争力,也为企业深入了解学生的能力与潜力,进而选拔合适人才创造了条件。因此,提升就业率是学校、企业及社会共同肩负的责任,唯有紧密合作、齐心协力,方能推动学生就业率稳步上升。

二是学生实践能力的提升。校企合作在强化学生实践能力方面扮演着举足轻重的角色,利于学生更好地契合职场需求。依托与企业的合作,学生得以置身真实工作环境、参与实际项目，借此磨砺实践技能。在校企合作项目里，学生有机会投身真实项目任务，与企业员工协同攻克实际难关，这种实践性学习模式能让他们在模拟真实工作场景中锤炼能力，孕育出解决问题的能力与创新思维。除此之外，校企合作还有助于学生拓展人脉，提升沟通协作、团队合作及领导能力。因此，校企合作不仅能使学生学到更多实用知识与技能，更为关键的是培养了他们对职场的适应能力，为其后续的就业与职业发展筑牢根基。

三是科研成果。校企合作在推动科研成果产出及转化上有着不可忽视的作用，能为新技术、产品或服务的开发与应用注入强大动力。借助与企业合作，学校得以将学术研究成果与实际应用需求相联结，加快科研成果转化与商业化的步伐。校企合作项目为学生和教师开拓了与实际产业接触的广阔空间，使他们能够把学术研究成果转化为切实可行的技术或产品，并推向市场推广应用。这一合作模式不仅有助于学校提升科研水准与影响力，还能激发学生创新潜能，培育创新型人才，驱动科技成果向市场转化。

四是资源共享。校企合作能够使双方实现资源的共享与优势互补，催生新的合作项目与机遇。借助校企合作，学校和企业得以充分利用彼此的资源与优势，实现互补与协同，合力推动科研成果产出与转化。学校在科研领域储备了丰富的学术与人才资源，而企业则掌握着市场需求与实践经验，双方携手可以高效整合这些资源，实现优势互补，促进科研成果向应用领域转化。在合作进程中，学校能够获取企业的实际需求与市场反馈，借此优化研究方向与成果转化路径；企业则能凭借学校的科研实力与专业知识，加速产品研发与创新。双方的资源共享与互补不仅提升了科研成果转化效率，还促进了双方的协同进步与共同发展。在实现资源共享的基础上，校企合作还常常衍生出新的合作项目与机遇。双方在合作中会挖掘出更多合作领域与机会，基于共同利益与目标，不断拓展合作范围,开展更多合作项目。这些新的合作项目与机遇为双方开辟了更广阔的发展空间,挖掘出更大合作潜能,进一步深化了校企间的合作关系,推动了双方在科研、技术创新及产业发展方面的深度合作与互利共赢。

五是学校声誉的提升。校企合作在提升学校声誉与影响力方面有着显著成效,为学校赢得了更多的社会认可。通过与企业合作,学校能够公开展示其在科研、创新以及人才培养方面的优势与成就,塑造良好的品牌形象。校企合作项目往往具有前瞻性和创新性,引发社会广泛关注,进而提升学校在行业内的知名度与声誉。此外,校企合作也使学校能更好地履行服务社会、助力产业发展的职责,推动技术创新与产业升级,从而收获社会各界的广泛认可与赞誉。合作项目的成功落地与成果转化,还为学校赢来了诸多荣誉,进一步提升了学校在社会中的地位与声誉。

通过合作,学校得以彰显自身优势与实力,推动产学研创深度交融,达成互利共赢发展,进一步树立了在社会中的良好形象,为学校的可持续发展筑牢根基。

六是经济效益指标。即校企合作是否产生了经济效益,双方是否实现共赢局面,是否存在投资回报或成本节约等情况。

案例 7-8

在对广西现代职业技术学院(以下简称"学院")建筑设计类专业的校企合作成效开展评估工作时,评估团队精心构建了一套多维度的评价指标体系,该体系涵盖了合作模式、合作项目以及合作成果等方面,旨在全方位、多角度地反映校企合作的实际效果,确保评估结果的全面性和客观性。具体而言,这些指标细致地划分为了合作深度、合作广度、合作稳定性以及合作成果等多个维度,从不同层面深入剖析校企合作的质量与价值。

通过严谨地分析校企合作项目的数量、级别以及成果等关键数据,学院发现这些合作项目在人才培养、教师队伍建设、科研与技术服务等多个核心领域均取得了令人瞩目的显著成效。以学生参与校企合作项目的情况为例，相关数据显示，参与合作项目的学生在各类专业竞赛中的获奖率明显高于非参与者，这充分彰显了校企合作在提升学生专业技能和实践能力方面的独特优势；此外，这些学生毕业后在乡村建筑设计领域的就业率同样比较突出，这不仅印证了校企合作紧密对接产业需求的人才培养模式的有效性，也为乡村建筑设计行业注入了新鲜血液，推动了行业的发展。该校企合作成效评价指标体系展现出以下鲜明特点：

评价指标的全面性。校企合作项目作为一种在高等教育领域备受瞩目的重要教育模式，其核心价值在于为学生打造一个连接理论与实践的桥梁，提供广泛的实践以及深入洞察产业的机会。鉴于此，在设计评价指标时，评估团队充分考虑了合作模式的实践意义、学生的参与度以及成果的应用价值等诸多关键因素，全力确保评价的全面和细致。评价指标既关注合作模式是否能够有效促进产学融合、推动实践教育以及培养学生实用能力等宏观层面，也深入细致地考查学生参与项目的积极性、投入程度、学习成长等微观层面，同时还全面衡量项目成果的实际应用效果、对行业发展的贡献以及学生综合能力的提升等多方面成果，全方位勾勒出校企合作项目的全貌。

评价结果的客观性。为确保评价结果经得起推敲，评估团队采用了科学、严谨的多种数据收集方式，从不同渠道广泛收集相关数据，坚决杜绝主观性和片面性，全力保障评价结果的客观性和准确性。通过多维度的数据交叉验证，使得评价结果真实可靠地反映出校企合作项目的实际成效，为后续的决策和改进提供有力依据。

评价指标的发展性。在当今高等教育领域，评价指标的设计对于精准评估校企合作项目的效果和质量起着决定性作用。其中，发展性作为关键考量因素之一，特别强调评价指标应着眼于学生的全面发展，而不仅局限于知识掌握这一单一维度。这种发展性的评价设计为教学改进提供了极具价值的指导和参考，助力教育工作者深入了解学生的成长轨迹和全面发展状况。

具体到校企合作项目中，评价指标的设计紧密围绕学生的综合素养和能力培养展开。它全面突破课程知识掌握的局限，综合考量学生的团队合作能力、创新能力、沟通能力以及解决问题的能力等多方面综合能力，通过全面考查这些能力的发展情况，评价体系能够精准描绘出学生在校企合作项目中的成长轨迹，为学生的个性化发展提供精准有力的支持和指导。此外，发展性评价指标的设计还能有效推动教育教学的持续创新和改进。借助对在校企合作项目中学生发展情况的深入分析，教育工作者可以精准洞察项目设计的有效性以及实施过程中的优势与不足，从而及时灵活地调整教学策略和方法，不断优化教学流程，稳步提升教学质量和效果，实现教学的良性发展。

评估团队凭借全面且具有发展性的评价指标体系，深入剖析了校企合作项目的各个关键要素和环节，为学院和企业提供了翔实、客观的反馈信息。这不仅有助于双方精准把握项目现状，还为后续针对性地进行教学改进和合作模式优化指明了方向，进一步提升项目的质量和效果。未来，在校企合作项目的持续推进过程中，应持续重视并不断完善评价指标体系，使其更好地服务于学生的全面发展、教学质量的提升以及产业需求的对接，为高等教育与产业界的深度融合贡献更大力量，培养出更多适应社会发展需求的高素质建筑设计专业人才，助力乡村建筑设计等行业蓬勃发展。

三、校企合作实践成效

校企合作在推动人才培养、教师团队建设、科研活动及技术服务等领域扮演着关键角色。通过对校企合作成效的系统评估，能够更全面地掌握合作项目的实际价值与影响范围，为后续合作提供指导性意见和改进路径。

在人才培养领域，校企合作为学生提供了丰富的实践机会和行业实践经验，助力其更好地融入职场并增强就业竞争力。通过对学生参与校企合作项目后的综合能力提升情况进行评估，可以掌握合作项目对学生实际价值和影响，进而为未来的合作提供更精确的指导和优化策略。

在教师队伍建设领域，校企合作促进了教师实践能力和行业洞察力的提升，为教师的专业发展和教学质量的提高提供了有力支持。通过对教师参与校企合作项目后的教学效果和专业水平提升情况进行评估，可以为教师队伍建设及培训提供更精准的方向和有效策略，进一步提升教师队伍的整体素质和水平。

在科研与技术服务领域，校企合作促进了双方在科研领域的合作与交流，共同推动科技创新和科研成果转化。通过对校企合作项目对科研成果和技术服务实际贡献的评估，可以更准确地了解合作项目在科研领域的影响和效果，为未来的科研合作提供更具针对性的支持和引导。

对校企合作在促进人才培养、教师队伍建设、科研与技术服务等方面实际成效的评估，对校企双方均具有重大意义。通过深入评估合作项目的实际效果和影响，可以更全面地理解合作项目的价值和作用，为未来校企合作提供更科学的指导和优化策略，推动双方在教育、科研和产业服务等领域的深度合作与共赢。

在高职院校建筑设计类专业产教研创融合实践的校企合作实践成效评估方面，以下案例和数据分析提供了具体的参考。

案例 7-9

在与地方多家建筑企业紧密合作的框架下，广西现代职业技术学院（以下简称"学院"）的建筑设计类专业成功探索出了一条沟通顺畅、互利共赢的校企合作路径。此类合作关系超越了简单的交流与合作范畴，体现为一种深度融合与共同发展的合作模式。

学院与建筑企业共同建立实习实训基地，为学生提供了一个真实的工作环境和学习平台。学生在实习实训基地中能够接触到最新的建筑技术、设计理念，从而更有效地将理论知识与实践技能相结合。该基地共建模式不仅提升了学生的实践能力，也使他们更深入地了解行业的需求和发展趋势，为未来的职业发展奠定了坚实的基础。

合作模式中还涵盖了订单式培养，即根据企业的实际需求制订培养计划，为企业量身打造符合其需求的高素质人才。这种定制化的培养模式不仅使学生在校期间就能与企业进行密切互动，更能够确保学生毕业后能够顺利就业，实现对接企业需求和学生就业的双赢局面。

产教研创合作也是校企合作的重要组成部分。学院与企业共同开展科研项目，探索前沿技术和行业发展方向，学院为企业提供解决难题的方案，企业为学生提供更广阔的学习和研究空间。通过产教研创合作，学生可以接触到最新的科研成果和实践案例，拓宽了他们的视野和思路，为他们未来的职业发展奠定了更为坚实的基础。

学院的建筑设计类专业通过与当地建筑企业的紧密合作，为学生提供了更广阔的发展空间和更丰富的学习资源，为企业输送了更加符合需求的高素质人才，实现了校企双方的互利共赢。这种校企合作模式不仅推动了教学质量的提升，也促进了产业的发展和人才的培养，为当地建筑与设计行业的发展作出了积极的贡献。

此外，合作项目对教师团队的建设及科研技术服务产生了显著的正面效应。教师参与合作项目能够拓宽其学术视野，提高教学能力，并且使其有机会与行业专家进行深度交流与合作，推动科研成果的转化与应用。此类合作关系不仅促进了学院与企业间的交流与合作，也为学院的全面可持续发展带来了机遇与挑战。

校企合作项目在促进学院的发展和提升学生就业竞争力方面发挥着重要作用，学院可以进一步加强合作项目的管理与建设，不断优化合作模式，推动合作成效的持续提升，为学生和教师提供更多发展机会。

通过分析，建筑设计类专业在校企合作实践成效评估方面体现了以下特点。

合作模式的多样性。学院与企业之间的合作模式多样性是现代教育体系的重要特征。随着社会经济的发展和产业结构的变化，学院与企业之间的合作关系已经从传统的单一合作模式发展为多元化、多层次的合作模式。学院与企业之间的合作模式多样性体现了双方在合作中的灵活性和创新能力，为双方带来了更多的合作机会和发展空间。学院与企业之间合作模式的多样性为双方带来了更多的合作机会和发展空间，促进了教育实践和产业发展的紧密结合。通过不断探索和创新合作模式，学院与企业可以更好地携手合作，共同推动人才培养和产业发展。

共同建立实习实训基地。这种合作模式是学院与企业合作的一种常见形式，通过共建实习实训基地，学生可以在真实的工作环境中进行实践，提升自己的实践能力和技能水平。同时，企业也能在实习实训过程中挖掘并培养符合自身需求的优秀人才，实现人才供需的对接和校企共赢。这种合作模式不仅促进了学生的全面发展，也为企业的人才培养提供了更多的可能性。

开展订单式培养。订单式培养是一种根据企业需求定制的人才培养模式，学院根据企业的具体需求开设相应的专业课程，培养符合企业需求的人才。通过订单式培养，学生在学习过程中直接了解到实际工作需求，更好地掌握所需技能和知识，为未来的就业做好充分准备。同时，企业也可以更好地满足自身的人才需求，提高人才培养的效率和质量。

开展产教研创合作。通过产教研创合作，学院与企业可以共同开展科研项目、技术研究等活动，促进双方在技术创新和产业发展方面的合作与交流。学院可以借助企业的实践经验和资源优势，提升科研水平和技术应用能力；企业也可以通过与学院的合作获取最新的科研成果和技术成果，推动企业的创新和发展。产教研创合作不仅促进了学术研究和产业发展的互相促进，也为学生提供了更多的实践机会和发展平台。

校企合作项目紧密结合乡村振兴的实际需求，具有重要的实践意义。乡村振兴是当前我国经济社会发展的重要战略，也是实现全面建设社会主义现代化国家的必然要求。在这一背景下，校企合作项目在乡村振兴中扮演着重要的角色，为加快农村经济发展、提升农民生活水平、推动农村社会文明进步提供了重要支撑和保障。

校企合作项目可以促进农村产业升级和转型。通过与企业合作，学院可以将自身的优质教育资源和技术专长与企业的市场需求和实践经验相结合，共同探索适合乡村发展的新型产业模式和发展路径。例如，学院可以与农业企业合作开展农业科技合作研究，推动农业生产方式的转变，提升农产品的品质和附加值，助力乡村经济的发展。

校企合作项目可以促进农村人才培养和就业。通过与企业合作，学院可以根据乡村发展的需求，开设相关专业课程，培养适应乡村经济发展需求的专业人才。同时，学院还可以与企业合作设立实习实训基地，为学生提供更多的实践机会和就业岗位，促进农村劳动力的就业和创业，助力乡村振兴。

校企合作项目可以促进乡村社会文明的进步。通过与企业合作，学院可以引入企业的先进管理理念和文化，推动乡村社会的现代化建设。同时，学院还可以组织学生参与乡村振兴项目，开展社会实践和志愿服务活动，培养学生的社会责任感和公民意识，促进乡村社会文明程度的提升和进步。

校企合作项目具有重要的实践意义。通过不断探索和创新合作模式，学院与企业可以共同推动乡村振兴战略的实施，为实现乡村振兴目标贡献自己的力量。

学生积极参与校企合作项目，提高了他们的实践能力和创新能力。

校企合作项目成果能够应用于教学和实际项目，具有一定的推广价值。

校企合作实践成效评估结果及时反馈给学院和企业，为教学改进和合作模式优化提供了指导。在校企合作项目中，评估成效是至关重要的，它不仅可以反映项目的实际效果，还可以帮助学院和企业更好地了解合作过程中存在的问题和不足，从而及时调整策略、改进教学方法，优化合作模式，实现持续发展和效益提升。

及时反馈校企合作实践成效评估结果给学院和企业，可以促进教学改进。对项目实施过程和结果进行评估，可以客观地评价项目的实际效果，发现问题和短板，为学院提供改进教学内容、方法和手段的重要依据。学院可以根据评估结果，及时调整课程设置、教学模式，提高教学质量和效果，更好地培养学生的实践能力和创新精神，为学生未来的就业和发展奠定坚实基础。

及时反馈校企合作实践成效评估结果给学院和企业，可以优化合作模式。评估结果可以帮助学院和企业深入了解合作过程中的合作模式、运作机制、沟通方式等方面存在的问题和不足，为双方合作提供改进和优化的方向。学院和企业可以根据评估结果，调整合作策略，优化资源配置，提升合作效率和效益，实现合作的双赢局面。此外，评估结果还可以为学院和企业制定长期合作规划和发展战略提供重要参考。

校企合作实践成效评估结果及时反馈给学院和企业，对于教学改进和合作模式优化具有重要意义。通过评估结果的反馈，学院和企业可以不断完善合作项目，提高教学质量，优化合作模式，实现合作的双赢局面，为促进教育教学改革和推动产教融合发展做出积极贡献。

第四节 乡村振兴背景下建筑设计类
专业教学改革的成效评估

一、教学内容与方法改革

高等职业教育中的建筑设计专业与现代建筑产业紧密相连。随着社会的持续进步和需求的不断变化，教育教学活动亦需不断地进行改革与创新，以满足行业发展和学生能力培养的需求。在此背景下，高等职业院校的建筑设计专业在教学内容、教学方法、教学手段等方面实施了一系列的改革措施，旨在提升教育质量、增强学生的实践技能，并使之更好地适应市场需求。

在课程内容设置方面，高等职业教育的建筑设计类专业倾向于将产业需求与课程内容相结合。通过与建筑行业企业的合作，引入最新的设计理念、技术与工艺，使课程内容更贴近实际工作需求，助力学生更有效地掌握实践技能。同时，建筑设计类专业亦重视培育学生的创新意识与团队协作能力，以适应建筑行业的快速进步与变革。

在教学方法方面，高等职业教育的建筑设计类专业推崇线上线下混合式教学模式。通过线上教学平台，学生能够实现随时随地学习课程内容，提升学习的灵活性与便捷性；而在线下教学中，更侧重于实际操作与实践能力的培育，使学生能够将理论知识应用于实际项目中，增强他们的实际操作技能与问题解决能力。

高等职业教育的建筑设计类专业亦推动产教研创融合的实践。通过与建筑行业企业及研究机构的合作，学校能够更深入地掌握行业发展趋势、需求变化与技术创新情况，将最新的研究成果与实践经验融入教学之中，使教学内容更贴合行业需求，培养具备实践能力与创新精神的高素质人才。

高等职业教育的建筑设计类专业在课程内容、教学方法、教学手段等方面的改革举措，主要体现在产教研创融合、线上线下混合式教学等方面。这些改革举措旨在提升教学质量、培育学生的实践能力与适应市场需求的能力，为学生的职业发展与建筑行业的发展提供有力支持。

针对高等职业教育的建筑设计类专业在产教研创融合实践中的课程内容与教学方法改革，以下内容提供了参考。

案例 7-10

广西现代职业技术学院（以下简称"学院"）建筑设计类专业持续致力于教学内容与方法的革新，旨在提升学生的实践与创新能力。得益于教师团队的不懈努力及学院的有力支持，该专业已取得显著成就。

学院倡导教师将科研成果融入教学，使学生得以接触最新的设计理念与技术。教师将研究成果整合进课程，深化学生对行业前沿知识的理解。这种实践导向的教学模式不仅激发学生的学习兴趣，还有助于他们深入理解并应用所学知识。

学院鼓励学生参与教师科研项目，通过实际参与，学生能将理论知识与实践相结合，提升解决实际问题的能力。参与式学习方式有助于锻炼学生的团队协作能力，培养创新意识与实践能力。在这样的学习环境中，学生能更好地应对未来挑战，为职业发展奠定坚实基础。

学院建筑设计类专业通过教学内容与方法的革新，为学生提供了更加丰富和实用的学习体验。学院不仅重视理论知识传授，更注重学生实践与创新能力的培养。

该专业在教学内容与方法革新评估方面展现出以下特点：

具有一定的实践意义。教学内容与方法革新紧密结合乡村振兴的实际需求，具有显著的实践意义。随着我国乡村振兴战略的深入实施，乡村建设与设计领域面临新的挑战与机遇。因此，通过教学内容与方法的革新，专业学生能更好地适应乡村振兴需求，为乡村建设贡献力量。

教学内容的革新使学生能更深入地了解乡村建设的现状与需求。专业课程中增加了与乡村振兴相关的案例分析与实践项目，让学生直观感受乡村建设的现实问题与挑战。通过与实际项目的结合，学生能学习如何运用所学知识解决实际问题，提升实践与解决问题的能力。

教学方法的革新注重培养学生的创新与实践能力。通过引入项目式教学、实地考察、实习实训等多种教学方法，学生能在真实环境中实践，提升设计与团队合作能力。这种以实践为导向的教学方法有助于学生更好地理解乡村振兴的实际需求，培养对乡村建设的使命感与责任感。

教学内容与方法革新促进了学生与实际项目的结合，为学生提供了更多实践机会。学院与地方政府、企业等合作开展实践项目，让学生参与真实的乡村建设项目，为乡村振兴贡献智慧与力量。这种实践机会不仅提升学生的实践能力，还能培养他们的责任感与公民意识，成为具有社会责任感的优秀建筑设计人才。

教学内容与方法革新紧密结合乡村振兴的实际需求，在学院建筑设计类专业中具有重要的实践意义。通过这种革新，学生能更好地适应乡村振兴的发展需求，为乡村建设做出积极贡献。

学生积极参与教学内容与方法的革新是学院建筑设计类专业的显著特点，这种参与不仅提升了学生的实践与创新能力，还为他们未来的职业发展奠定了坚实基础。在教学革新中，学生不仅是知识的接受者，更是知识的创造者与实践者。

在教学内容革新过程中，鼓励学生积极参与课程设计、案例分析与实践项目。他们不再局限于传统课堂知识讲授，而是通过团队合作、实地考察与实践操作等方式，深入了解乡村振兴的实际需求，提出创新性的设计方案与解决方案。这种参与式学习使学生在实践中不断思考、实践、总结，从而提升了实践与创新能力。

在教学方法革新中，学生也积极参与教学过程。教师采用更为灵活多样的教学方法，如案例教学、项目驱动教学、实践导向教学等，激发了学生的学习兴趣，提升其参与度。学生不再只是被动接受知识，而是通过讨论、研讨、实践等方式，主动参与教学过程的建构，与教师共同研究，达到共同成长与进步的效果。

通过学生的积极参与教学内容与方法的革新不仅是一种形式，更成为一种实践。学生在参与中不断提升自己的专业能力与综合素质，培养了团队合作精神、创新思维与解决问题的能力，为将来走向社会打下了坚实基础。

学生积极参与教学内容与方法的革新是一种双赢模式。学生通过参与实践，提升了实践与创新能力，同时也为学校的教学革新注入了新的活力与动力。

教学内容与方法革新成果能够应用于教学与实际项目，具有一定的推广价值。

教学内容与方法革新评估结果及时反馈给学院与相关教师，极大地促进了教学质量的提升与教学方法改进。通过及时反馈，学院与教师能了解学生对新教学内容与方法的反馈，及时发现问题与不足，并采取相应措施进行改进，从而更好地满足学生需求，提高教学效果。

教学内容与方法革新评估结果的及时反馈帮助学院了解学生对新教学内容与方法的接受程度与反馈意见。学生是教学的直接对象，他们的反馈是评价教学效果的重要依据。从而使学院有针对性地进行调整与改进。这种及时反馈有助于学院更好地把握教学需求，提升教学质量。还可以帮助相关教师了解自己的教学效果与存在的问题。教师是教学的主体，他们的教学水平与教学方法直接影响学生的学习效果。通过及时反馈评估结果，教师可以了解到自己在教学过程中的表现，哪些方面需要改进与提升。这种反馈不仅可以帮助教师提高教学水平，更可以激发其改进教学方法的动力，不断探索更适合学生学习的教学方式。同时，为教学改进提供了指导与方向。通过分析评估结果，学院与相关教师可以明确教学中存在的问题与不足，有针对性地制定改进措施与方案。这种针对性的改进可以更高效地解决问题，提高教学效果，为学生提供更优质的教育资源与学习环境。同时，及时反馈也有利于形成长效机制，促进教学改进的持续性与稳定性。

学院与相关教师应重视教学内容与方法革新评估结果的及时反馈这一环节，不断完善反馈机制，促进教学革新深入实施，为学生提供更优质的教育服务。

二、教学资源与平台建设

对教学资源与平台建设状况的评估，在教育教学活动中是至关重要的。教学资源的丰富程度与先进性，直接关联到教学质量的提升以及学生学习成效的提升。在众多评估要素中，教材建设、实验室建设以及实践教学基地建设的评估尤为关键，这些教学资源和平台的建设状况，对学生的学术体验和实际操作能力的培养产生直接影响。

教材建设作为教学资源中的核心环节，其质量高低对教师的教学内容提供和学生学习的参考具有决定性作用，对教学过程提供关键性的支撑。在评估教材建设状况时，需审视教材内容的科学性、时代性、针对性等方面。教材是否全面覆盖课程要求、是否具备显著的教学价值、是否能有效激发学生的学习兴趣等，均是评估的关键指标。

实验室建设作为推动实践教学与科研创新的关键环节，其评估需关注实验室设备设施的完整性、是否满足教学实验需求，以及是否具有较高的安全性和实用性。实验室作为学生进行实践操作和实验探究的主要场所，其建设质量直接关系到学生实践能力的培养和科研创新能力的提升。

实践教学基地作为学生进行实践教学与实习实践的关键场所,其建设状况直接关系到学生职业素养和实践能力的培养。实践教学基地建设作为学生实践教学与实习实践的重要支撑,其评估需考察基地的规模与规范程度、与实际岗位需求的契合度及与企业合作的深度。

对教学资源与平台建设状况的评估,对于提升教学质量、增强学生实践与创新能力具有深远意义。学校与教师应重视教学资源的建设与评估工作,持续完善教学资源体系,为学生提供更优质的学习环境与条件。唯有通过持续的改进与完善教学资源与平台建设,学校方能真正实现为学生提供优质教育的目标,培养出更多具备创新精神和实践能力的杰出人才。

案例 7-11

虚拟现实技术能够模拟真实的建筑场景,为学生提供一个虚拟环境进行设计与实践,从而深化学生对建筑设计原理的理解,并增强创新思维与实践操作技能。

广西现代职业技术学院与多家行业领先企业建立了产教研创融合的合作关系。通过与企业的紧密合作,学院能够深入了解行业需求,为学生提供与实际工作环境更为贴近的实习与实训机会。学生在企业实践中能够掌握最新的行业动态和技术应用,培养解决问题的能力和团队协作精神。同时,学院积极鼓励学生参与创新创业项目,提供创业孵化服务和资源支持,助力学生将理论知识转化为实际应用,培育创新意识和创业精神。

学院的建筑与设计专业通过构建教学资源与平台,实现了教学品质与学生实践能力的提升。学院将持续推进教学模式的创新,为学生提供更丰富、更优质的学习机会,培养具备创新精神和实践能力的优秀建筑与设计人才。

第七章 乡村振兴背景下高职院校建筑设计类专业产教研创融合实践成效评估

随着科技的持续进步和应用拓展，教育领域亦不断探索如何利用先进的教学资源和平台来提升教学品质，促进学生实践能力的培养。学院通过收集和分析教学资源与平台的使用数据，发现这些资源与平台在多个方面取得了显著成效，对学生的学习和发展产生了积极影响。

一是 BIM 技术中心的使用频率较高，这表明学生对这一先进技术的学习和应用表现出浓厚的兴趣。BIM 技术广泛应用于建筑设计和工程领域，为学生提供了更为直观、高效的建筑设计工具和平台。通过学习和应用 BIM 技术，学生能够更深入地理解和应用建筑设计理论，提升设计水平和技术能力。

二是学生在相关竞赛中获奖率较高。这说明学生通过学习和实践，能够将所掌握的知识和技能有效地应用于实际项目中，取得了优异的成绩和表现。参与竞赛不仅能够激发学生的学习热情和竞争意识，还能帮助他们在实践中不断提升自我，展现个人才华和能力。

三是学生毕业后在乡村建筑设计领域的就业率较高。这表明学生在校期间接触的教学资源和平台为他们未来的就业和发展奠定了坚实的基础。乡村建筑设计领域作为一个重要的领域，需要具备扎实的专业知识和技能，以及对当地文化和环境的深刻理解和尊重。学生通过学习和实践，不仅可以在这一领域找到就业机会，还可以为乡村建设和发展贡献自己的智慧和力量。

教学资源与平台的有效运用对学生的学习和发展具有重要意义。学院通过数据分析发现，这些资源与平台在提升教学品质、促进学生实践能力培养等方面取得了显著成效，为学生的未来发展奠定了坚实基础。学院将继续优化和完善教学资源和平台，为学生提供更优质的教学环境和支持，促进学生全面发展，培养其成为具有创新精神和实践能力的优秀人才。

在教学资源与平台建设评估中，学院注重资源与平台的实践意义，即评估资源和平台是否满足实际教学需求，是否能有效支持教学目标的实现。通过对资源和平台的全面评估，学院能够更好地了解它们的优势和不足，为后续的改进和优化提供有力依据。

在评估过程中，学院重视学生的参与度，鼓励他们积极参与评估活动，分享对教学资源和平台的看法和建议。通过学生的参与，学院可以更好地了解他们的需求和期望，从而设计出更符合学生实际需求的教学资源和平台。同时，学院也注重培养学生的自主学习能力，鼓励他们通过评估过程了解自己的学习情况，提高自我评价和自我管理能力。

学院也强调了评估过程中各利益相关方的参与，包括学生、教师、管理者等。学院在评估教学资源与平台建设时，充分考虑各方之间利益关系，促进他们之间的合作与沟通，共同参与评估活动，共同制定评估标准和目标，共同探讨评估结果的应用价值。通过多方参与，学院可以更全面地了解资源与平台的实际效果，更有效地推动教学质量的提升。

学院在教学资源与平台建设评估中注重资源与平台的实践意义、学生的参与度和成果的应用价值，充分体现了评估的全面性和系统性，以及各利益相关方的参与。这种基于理论的评估方法将有助于学院更好地发现问题、改进工作，提高教学资源和平台的质量，促进教学效果的提升。

该专业在教学资源与平台建设评估方面体现了以下特点。

资源与平台具有多样性。学院在教学资源与平台建设方面，积极推动多样化发展，努力满足不同教学需求，提升教学质量和效果。学院建立了一系列教学资源与平台，例如BIM技术中心、虚拟现实实验室、产教研创融合基地等，为师生提供了丰富多样的学习和实践场所。BIM技术中心作为学院重要的教学资源之一，为学生提供了学习和实践BIM技术的平台。BIM技术在建筑设计、施工管理等领域具有重要应用价值，学院的BIM技术中心配备了先进的设备和软件，提供实际案例分析和项

第七章 乡村振兴背景下高职院校建筑设计类专业产教研创融合实践成效评估

目实践，帮助学生掌握 BIM 技术的应用技能，培养他们成为具有实践能力的专业人才。

虚拟现实实验室为学生提供了沉浸式的学习体验。在虚拟现实实验室中，学生可以通过虚拟仿真技术参与各种场景的模拟实验和项目实践，提升他们的实践能力和解决问题的能力。虚拟现实技术的应用不仅拓展了教学手段，也激发了学生的学习兴趣，提升了他们的自主学习和创新能力。

学院与企业合作建立的产教研创融合基地为学院师生搭建了产教研创合作的平台。为学生提供了实习、实训和科研项目的机会，促进了学生理论知识与实践技能的结合，培养了他们的创新创业意识和团队合作精神。同时，学院与企业的合作也促进了产教研创结合，推动了科研成果的转化和应用，为学院教学和科研工作带来了更多的实践支持和发展机遇。

学院建立多样化的教学资源与平台，不仅丰富了教学手段，也提升了教学质量和效果。这些教学资源与平台为学生提供了更广阔的学习空间和更丰富的学习体验，有助于培养学生的综合能力和创新精神，为他们的未来发展奠定了坚实的基础。同时，学院也将继续不断完善和拓展教学资源与平台，不断提升教学水平和教学效果，为学生的成长和发展提供更好的支持和保障。同时，教学资源与平台紧密结合乡村振兴的实际需求，具有明显的实践意义。

学生是学院教学资源与平台建设的重要参与者和受益者，他们的积极参与不仅提高了实践能力和创新能力，也为教学资源与平台的持续改进和发展提供了重要的动力和方向。学生参与教学资源与平台的使用，不仅仅是简单地接受和利用资源，更是通过自主学习和实践，将所学知识和技能运用到实际工作中，从而提升自己的专业水平和职场竞争力。

学生积极参与教学资源与平台的使用，有助于提高他们的实践能力。

通过参与实验室、技术中心等平台的实践活动，学生可以直接接触到最新的技术和设备，掌握实际操作技能，增强自己的实践能力。例如，在BIM技术中心中，学生可以通过实际项目模拟练习，熟练掌握BIM软件的使用技巧，提升自己在建筑设计和施工管理中的实践能力。这种实践活动不仅丰富了学生的学习体验，也为他们未来的职业发展奠定了坚实的基础。

学生积极参与教学资源与平台的使用，有助于提高他们的创新能力。在虚拟现实实验室等创新平台中，学生可以通过参与项目设计、技术研究等活动，锻炼自己的创新思维和解决问题的能力。学生在这些平台上可以自由探索，尝试新方法，激发创造力，培养独立思考和团队合作能力。

学生积极参与教学资源与平台的使用，还能促进教学资源与平台的持续改进和发展。学生作为直接的使用者和受益者，能够提供宝贵的反馈意见和建议，帮助学院了解学生的真实需求和期望，从而及时调整和改进教学资源与平台，更好地满足学生的学习需求。学生的参与还能促进教师和管理者更好地了解教学资源与平台的实际情况，推动教育教学质量的不断创新和提升。

学院应该进一步鼓励和支持学生参与教学资源与平台的使用，激发他们的学习热情和创新潜能，为培养高素质专业人才提供更好的支持和保障。教学资源与平台成果能够应用于教学和实际项目，具有一定的推广应用价值。

教学资源与平台建设评估结果及时反馈给学院和相关教师，是一个非常重要的环节。这种反馈不仅可以帮助学院和教师了解他们的工作表现和教学效果，还可以为教学改进和资源与平台优化提供有针对性的指导。通过及时反馈评估结果，学院和教师可以更好地了解当前教学资源与平台的优势和不足之处，从而有针对性地进行改进和提升。

及时反馈评估结果可以帮助学院更好地了解学生和教师对教学资源与平台的满意度和需求。学生和教师是教学资源与平台的主要使用者和受益者，他们的反馈意见和建议对于改进和优化教学资源与平台至关重要。通过及时反馈评估结果，学院可以了解学生和教师对于现有资源与平台的评价，发现问题和不足之处，并及时采取措施进行改进和优化，以提升教学质量和师生满意度。

及时反馈评估结果可以帮助教师更好地了解自己的教学表现和教学效果。教师是教学资源与平台的重要管理者和使用者，他们的教学水平和教学效果直接影响到学生的学习成果和体验。通过及时反馈评估结果，教师可以了解学生对自己教学的评价和反馈，发现自己的教学优势和不足之处，并进行自我反思和改进，以提升教学效果和学生满意度。

及时反馈评估结果还可以帮助学院和教师更好地进行教学资源与平台的优化和改进。通过分析评估结果，学院和教师可以找到教学资源与平台存在的问题和瓶颈，确定改进和优化的重点和方向，制定相应的改进措施和计划，并及时跟进和落实。这样，教学资源与平台可以不断优化和改进，提升教学效果和用户体验，为学生和教师提供更加优质、便捷和高效的教学资源和有力的平台支持。

本案例展示了高等职业教育中建筑设计专业在教学资源与平台建设评估领域的实践，结合了现实状况与理论研究成果，制定了一套科学合理的评估标准，旨在推动教学质量的持续提升。

三、教学改革实践成效

教学改革作为提升教育品质的关键策略之一，对于增进教学效果、推动学生实践技能的提升等方面发挥着至关重要的作用。在教学实践过程中，教学改革的成效必须通过实际的评估与验证来确保其能够产生持久的正面效应。

（一）提高教学质量

改进教学策略与手段。为激发学生学习兴趣并提高教学效率，教学改革采用了多种创新的教学方法与手段，如项目化教学、合作学习及信息技术等。这些创新的教学方式促使学生更积极地参与学习过程，进而增强其学习积极性和提升学业成绩。为验证改革成效，学校实施教学质量评估，通过对比改革前后数据，可明确观察到学生学习积极性与学业成绩的提升。

课程设置与内容的优化。教学改革的另一关键方面在于促使学校重新审视并优化课程设置与内容。这涉及更新教材与教学资源，确保其更紧密贴合实际需求及时代发展。通过评估改革后的课程质量与学生学习效果，学校能够及时发现并解决课程中存在的问题，进行必要的调整与优化。此类措施有助于提升教学整体质量，确保学生掌握与时代同步的知识与技能。

强化教师专业成长。教学改革亦重视教师的专业成长与教学能力提升。教师通过参与教学改革，有机会提高自身的教学水平与效果。学校对教师在改革过程中的教学表现进行评估，通过评估结果揭示教师在教学过程中的优势与不足。基于这些评估发现，学校可为教师提供更具针对性的培训与支持。

（二）促进学生实践能力培养

强化实践教学环节的重要性。教学改革的核心在于提升学生的实践能力，通过增设实践教学环节、开展实践项目等手段，促进学生将理论知识与实际应用相结合。通过评估学生参与实践活动后的能力提升情况，可以验证教学改革对学生实践能力培养的促进效果。

培养创新思维与团队合作能力的重要性。教学改革亦可通过设立创新项目、开展团队合作等途径，培养学生的创新思维和团队合作能力。通过评估学生参与创新项目和团队合作后的表现，可以评估教学改革对学生综合能力的提升效果。

提升就业竞争力的重要性。学生的就业竞争力对其未来就业和发展至关重要。通过评估教学改革对学生就业竞争力培养的实际成效，可以验证改革对学生就业竞争力的提升效果，并为学生未来的职业发展提供有力支持。

教学改革在提高教学质量、促进学生实践能力培养等方面具有显著的实际成效。通过评估和验证教学改革的效果，学校和教育部门可以不断总结经验，优化改革措施，为培养具有创新精神和实践能力的优秀人才做出积极贡献。

案例 7-12

反馈与评估机制的完善对于深入理解教学改革对学生影响及价值至关重要，为后续改革提供指导。

教学改革成效评估不仅检验改革项目的成败，更是提升教学质量与促进学生发展的关键工具。本研究借鉴CIPP评估模型与建构主义学习理论，强调评估的全面性与系统性，并关注利益相关方的参与与反馈。该评估方法有助于深入理解教学改革的实际成效，并为未来改革提供宝贵经验与启示。通过持续优化评估流程，学院能够有效推动教学改革深入发展，提升教学质量，实现教育目标的持续实现。

本专业在教学改革成效评估方面展现出以下特征。

一、具有重要的实践意义

教学改革作为教育领域的重要举措，其实践意义在于推动教育体系持续完善与发展，提升教育质量，培养具备创新精神与实践能力的人才。将教学改革与乡村振兴相结合，具有显著的理论与现实意义。

（一）教学改革与乡村振兴相结合有助于实现教育资源均衡配置

乡村地区资源相对匮乏，教育条件落后，教学质量参差不齐。教学改革的实施能够引入先进教育理念与技术手段，优化资源配置，提升教学质量，确保乡村学生享有优质教育资源。此举不仅提升乡村教育水平，也有助于缩小城乡教育差距，实现教育优质均衡发展。

（二）教学改革与乡村振兴相结合能够培养适应乡村发展需求的人才

乡村振兴战略实施需大量具备创新精神、实践能力与社会责任感的人才，而传统教育模式难以满足此需求。教学改革引入社会实践、项目实践等形式，培养学生的实践能力与创新意识，使其具备适应乡村发展需求的能力与素质。这不仅为乡村振兴提供人才支持，也为学生职业发展奠定坚实基础。

（三）教学改革与乡村振兴相结合

可促进乡村教育可持续发展。乡村教育长期面临师资不足、教学条件差等问题，制约农村教育发展。教学改革通过提升教师教学水平与教育能力，激发教学激情与创新意识，进一步提高教学质量。同时，引入先进教育技术与手段，改变传统教学方式，提升教学效率，为乡村教育可持续发展注入新活力。

教学改革与乡村振兴相结合具有深远的现实意义。通过不断探索创新，将教学改革与乡村振兴深度融合，为乡村教育发展注入新动力，为乡村振兴提供坚实人才支撑，推动乡村教育可持续发展，实现教育现代化与乡村振兴的有机结合。

二、促进学生广泛参与

学生作为教育改革的主体之一，其积极参与不仅是教学改革的需要，更是提高学生实践能力与创新能力的有效途径。学生参与教学改革，不是传统教学模式下的被动接受，而是在改革创新过程中主动参与、实践探索、发挥个人潜能。这种参与不仅激发学生学习热情与动力，更重要的是培养其实践能力与创新能力，使其在未来发展中更具竞争力与适应能力。

（一）学生参与教学改革能够激发学习热情与动力

传统教学模式下，教师主导，学生被动接受，学习内容单一、枯燥。学生参与教学改革时，可参与课程设计、教学活动策划，根据兴趣与特长选择学习内容，发挥创造力与想象力，积极主动投入学习，激发学习热情与动力。

（二）学生参与教学改革能够培养实践能力与创新能力

传统教学模式下，学生被动接受知识，缺乏实际操作与实践经验。参与教学改革时，学生通过项目设计、实践操作、团队合作等方式，将所学知识应用于实际情境，培养解决问题能力与实践操作技能。同时，教师参与教学改革能够锻炼创新能力，尝试新教学方法、探索新教学模式，发挥想象力与创造力，培养创新意识与能力。

（三）学生参与能够培养实践能力与创新能力

只有让学生真正参与教学改革，才能发挥潜能，提高综合素质，为未来发展打下坚实基础。因此，学校与教师应充分认识到学生参与教学改革的重要性，为学生提供参与机会与平台，引导积极参与，发挥潜能，实现个人价值最大化。

三、取得理论与实践成果

教学改革成果不能仅停留在理论探索与实践尝试阶段，更重要的是应用于教学实践与实际项目中，发挥其应用和推广价值。教学改革成果应用能够提升教学质量与学生学习效果，促进教育教学创新发展。要将教学改革成果应用于实际教学与项目实践，实现理论与实践结合，推动教育事业不断前进。

（一）提升教学质量和学生学习效果

教学质量是衡量学校教学水平的重要标准。将教学改革成果应用于教学实践，有效改善教学方式与方法，提升教师教学水平，激发学生学习兴趣，提高学习效果。例如，引入新教学技术与方法，结合学生实际需求与特点，更好激发学习热情，提高学习效率与成绩。这样的教学改革成果应用，不仅提升教学质量，还为学生个人发展与未来就业打下坚实基础。

（二）具有应用和推广价值

教学改革成果不仅提高教学质量，更重要的是促进教育教学创新发展。将教学改革成果应用于实际项目，探索新教育模式与方式，推动教育事业创新与发展。例如，将教学改革成果应用于课程设计与实践项目，培养学生的实践能力与创新能力，提升综合素质与竞争力。这样的教学改革成果应用，不仅推动教育事业创新发展，还为社会培养更多具备实践能力与创新精神的人才。学校与教师应重视教学改革成果应用，为学生与社会提供更多发展机会与创新空间，推动教育事业科学、人性化、全面发展。

四、及时反馈教学改革实践成效

教学改革实践成效评估结果的及时反馈为学院与教师提供教学改进的重要指导与支持。此过程不仅帮助学校全面理解教学改革实际效果，还促进教师专业成长与教学水平提升。通过建立与完善反馈与改进机制，教学改革实践能更好地实现其目标，为教育教学事业发展注入新活力与动力。

（一）评估结果有助于学院领导与教师全面理解教学改革实际效果

通过定期评估与反馈，学院能及时了解教学改革项目进展、存在问题与改进方向，为下一步工作提供依据与指导。同时，及时反馈有助于提高学院领导与教师敏锐度与反思能力，更好地应对教学改革挑战与困难，推动教学改革工作持续发展。

（二）评估结果为教师专业成长提供有力支持

教师是教学改革主要实施者与推动者，其专业水平与教学方法直接影响教学改革成效。通过及时反馈评估结果，教师能及时了解自身教学表现与存在问题，有针对性地进行改进与提升。这不仅有助于提高教师教学水平与专业素养，还能激发工作热情与创新意识，为学生提供更优质教育教学服务。

（三）评估结果促进教学改进与教学质量提升

通过认真分析与总结评估结果，学院与教师能确定教学改进重点与方向，采取有效措施与策略进行改进。不断优化教学设计，改进教学方法，提升教学效果，有效提高教学质量和学生学习成效，实现教学改革可持续发展与长期效果。

及时反馈教学改革实践成效评估结果是教育教学领域的重要工作。通过建立完善的反馈与改进机制，实现教学改革成果最大化利用，为教学质量提升与教育事业发展提供有力支持。学校与教师应重视反馈与改进工作，不断完善评估机制，促进教学改革实践深入开展，为学生提供更优质有效的教育教学服务。

五、制定科学合理的评估标准

在高职建筑设计类专业教学改革实践中，评估标准制定至关重要。结合实际情况与理论研究成果，制定科学合理的评估标准，有效促进教学质量持续提升。评估标准内容应综合考虑教学目标设定、教学内容设计、教学方法选择、教学资源利用、学生综合能力培养等方面。

（一）评估标准应明确规定教学目标与要求

这包括明确课程教学目标与学习要求，确保教学内容与学生需求及行业需求紧密相连。评估标准应具体明确各阶段目标，形成有效教学反馈机制。

（二）评估标准应包括教学内容设计与教学方法选择

评估标准应考查课程设置科学性与实用性，以及教学方法多样性与灵活性。教学内容设计应符合学科发展趋势，注重理论与实践结合，培养创新与实践能力。同时，教师应因材施教，灵活运用各种教学手段，激发学习兴趣与潜能。

（三）评估标准应考虑教学资源利用与学生综合能力培养

教学资源利用包括教学设施、设备、材料等充分利用，保障教学过程顺利进行。学生综合能力培养需评估学生在知识、技能、态度等方面发展情况，注重培养综合素质与能力，而不仅是单一知识技能。

高职建筑设计类专业教学改革实践中的评估标准应全面、科学、具体。只有建立科学合理的评估标准，才能更好促进教学质量提升，实现教学目标有效达成。

第五节 乡村振兴建筑设计类专业创新创业成效评估

一、创新创业能力培养

在高职院校建筑设计类专业中，培养学生创新创业能力始终是教育研究的核心议题。随着社会经济的迅猛发展及产业结构的持续优化，创新创业能力已成为高等教育日益关注的关键能力之一。为有效提升学生的创新创业能力，高职院校建筑设计类专业实施了多项策略，包括设置创新创业相关课程、举办创新创业竞赛、邀请行业专家举办讲座等。

设置创新创业相关课程是高职院校建筑设计类专业培养学生创新创业能力的关键策略之一。这些课程内容涵盖创业管理、创新设计、市场营销、财务管理等多个领域，目的在于使学生掌握创业基础知识与技能，培育其创新思维与创业精神。通过系统性学习，学生能够深入理解创新创业的核心要义，掌握创业过程中所需的关键技能，为未来的创业活动奠定坚实基础。

高职院校建筑设计类专业亦会组织各类的创新创业竞赛，为学生提

第七章 乡村振兴背景下高职院校建筑设计类专业产教研创融合实践成效评估

供展示与实践的平台。竞赛形式多样，如创业计划竞赛、创新设计大赛、创业项目路演等，旨在挖掘学生的创新潜力，培养其团队协作与实践操作能力。参与竞赛使学生能够将理论知识与实际操作相结合，锻炼创新与实践技能，为未来的创业活动打下基础。

高职院校建筑设计类专业还会举办讲座与交流活动，邀请行业内的专家及创业者进校分享其创业经历与成功经验。通过与这些人士的互动，学生能够更全面地了解创业实践中的真实情况与挑战，激发其创业热情与信心。此外，这也有助于学生构建广泛的社会联系和资源网络，为未来的创业活动提供更有力的支持。

案例 7-13

在创业精神与商业思维的培养方面，学生们取得了显著的成效。他们不仅掌握了从创意中发掘商业机会的能力，还学会了构建商业模式和高效管理资源的技巧，从而确保了创业项目的成功实施。这种创业意识的培育不仅拓宽了他们在创业领域的视野，拓展了他们的思考深度，而且为他们未来的创业之路奠定了坚实的基础。学生们通过参与各种创业活动，不仅锻炼了他们的商业洞察力，还提升了他们对市场趋势的敏感度和对客户需求的准确把握能力。

团队协作能力的培育亦是创新创业能力培养的关键环节。参与创新创业活动的学生在团队合作、沟通协调、决策协商等方面表现出色。他们能够有效地与团队成员协作，充分发挥每个成员的优势，使团队整体效能最大化。这种团队协作能力的培育不仅使他们在团队项目中取得优异成绩，还为他们在职场上的发展奠定了坚实的基础。学生们通过参与团队项目，学会了如何在成员众多的团队环境中发挥自己的作用，如何在面对挑战时与他人共同寻找解决方案。

因此，学院应当加大对创新创业能力培育的投入，不断优化培养方案，激发学生的创新潜能，引导他们走向创新创业的道路，为社会培养更多具有创新力和创业精神的优秀人才。通过创新创业教育，我们能够培养出更多适应未来社会需求的复合型人才，为社会的繁荣稳定作出贡献。

在创新创业能力培养评估中，学院借鉴了教育评估领域的多项关键理论，其中包括CIPP评估模型和成人学习理论等。这些理论为评估提供了重要的指导，强调了评估的全面性和系统性，以及在评估过程中各利益相关方的广泛参与。通过这些理论的应用，学院能够更准确地评估创新创业教育的效果，确保评估结果的客观性和科学性。

学院在创新创业能力培养评估中强调项目的实践意义、学生的参与度和成果的应用价值。这种综合性和系统性的评估方式不仅有助于评估项目的整体效果，也能够为不断改进和优化培养方案提供重要的参考依据。通过构建一个持续反馈和促进改进的评估机制，学院能够更好地培养学生的创新创业能力，为其未来的职业发展打下坚实的基础。评估结果的反馈机制能够帮助学院及时调整教学策略，确保教育内容紧贴市场需求。

该专业在创新创业能力培养评估方面体现了以下特点。首先，评估工作注重实践意义，确保学生能够将所学知识和技能应用于实际问题的解决中。其次，评估强调学生的参与度，鼓励学生积极参与到创新创业活动中，通过实践提升自身能力。最后，评估关注成果的应用价值，鼓励学生将创新成果转化为实际应用，为社会带来积极影响。

创新创业活动与乡村振兴的结合，是当前社会发展中一项具有重要实践意义的探索。乡村振兴是国家发展战略的重要内容。在这一背景下，创新创业活动作为推动经济增长和社会发展的重要引擎，与乡村振兴相结合，不仅可以促进农村经济的转型升级，也能够带动乡村社会的全面发展，具有深远的意义。通过创新创业活动，可以激发乡村的内生动力，促进农业现代化和乡村产业升级。

第七章 乡村振兴背景下高职院校建筑设计类专业产教研创融合实践成效评估

创新创业活动与乡村振兴的结合，能够为乡村经济提供新的增长点和动力。传统农业生产模式逐渐滞后，面临着资源浪费、环境污染等问题，需要通过创新的方式来解决这些问题，并提升生产效率和产品附加值。创新创业活动可以引入新技术、新模式，推动农业产业的升级，打造具有竞争力的产业链条，实现农村经济的可持续发展。通过创新，可以促进农业向高附加值、高技术含量的方向发展，提高农产品的市场竞争力。

创新创业活动也能够促进乡村社会的多维发展。随着城市化进程加快，乡村人口外流加剧，乡村社会面临着人口老龄化、人才流失等问题。通过创新创业活动，可以吸引更多优秀人才回流乡村，带动当地产业发展，改善乡村基础设施和公共服务水平，提升乡村居民的生活质量，实现乡村社会的全面发展。通过创新创业，可以为乡村带来新的发展机遇，促进社会和谐稳定。

创新创业活动与乡村振兴的结合，还能够促进城乡融合发展。乡村振兴不仅仅是单纯的农业发展，更是要实现城乡一体化发展。创新创业活动可以促进城市与乡村的资源、产业、人才等要素的流动，打破城乡二元结构，实现城乡经济社会的互补与共赢，推动城乡融合发展的步伐。通过创新创业，可以促进城乡之间的交流与合作，实现资源共享和优势互补。通过创新驱动和创业引领，可以激发乡村的活力和创造力，推动乡村经济社会的全面发展，为实现乡村振兴战略目标提供有力支撑。因此，政府、企业、社会各界应当共同努力，促进创新创业与乡村振兴的深度融合，为建设美丽乡村、实现乡村振兴添砖加瓦。

创新创业活动所取得的成果不仅仅停留在实践领域，更可以被应用于教学和实际项目中，具有重要的应用和推广价值。这种推广价值体现在多个方面，包括教育领域的创新教学方法、实践项目的成功经验应用等。通过将创新创业活动的成果应用于教学和实际项目中，可以实现知识的传播与应用，促进社会发展和进步。

创新创业活动的成果在教学领域具有重要意义。通过将创新创业的理念、方法和经验引入教学过程中，可以激发学生的创造力和创新意识，培养他们的实践能力和团队合作精神。例如，可以通过开设创新创业相关的课程或实践项目，让学生在实践中学习、探索和实践，从而提升他们的综合素质和竞争力。这种教学方法不仅可以使学生更好地适应社会发展的需求，也可以为他们未来的创业和就业奠定坚实基础。

创新创业活动的成果在实际项目中也具有重要的应用价值。创新创业活动通常会涉及产品、服务、管理等方面的创新，这些创新成果可以被应用于各类实际项目中，为项目的发展和成功提供有力支持。例如，一些成功的创新创业案例可以被借鉴和复制，为其他企业或组织提供宝贵的经验和启示；创新的产品或服务可以被推广应用，满足市场需求，促进产业升级和发展。这种将创新创业活动的成果应用于实际项目中的做法，可以有效地促进经济社会的持续发展和进步。

创新创业活动的成果在教学和实际项目中的应用具有重要的推广价值。通过将创新创业的理念和经验运用于教学和实践中，可以实现知识的传播与应用，促进社会发展和进步。因此，政府、企业、学校和社会各界应当共同努力，推动创新创业活动成果的应用和推广，为社会的可持续发展和进步贡献力量。

创新创业能力培养是当今高等教育中备受关注的重要议题之一。评估并反馈学生在创新创业能力方面的表现，不仅可以帮助学生发现自身的优势和不足，也可以为学院和相关教师提供及时的反馈，为教学改进提供有益的指导。通过评估结果的反馈与改进，可以不断提升教学质量，促进学生的全面发展，推动创新创业教育的深入实施。评估与反馈机制是提高教育质量的重要工具，有助于教育者及时调整教学策略，满足学生的学习需求。

第七章 乡村振兴背景下高职院校建筑设计类专业产教研创融合实践成效评估

评估学生在创新创业能力方面的表现是一项复杂而重要的工作。在进行评估时，需要考虑的不仅仅是学生的专业知识水平，还要综合考虑其创新思维、团队合作能力、问题解决能力等方面。通过多种评估方式，如考试、作业、项目实践、实习报告等，可以全面了解学生在创新创业能力方面的表现。评估结果不仅可以反映学生的学习情况，也可以为学院和相关教师提供重要参考。评估工作需要公正、客观，确保评估结果的准确性和可靠性。

及时将评估结果反馈给学院和相关教师是评估工作的重要环节。通过将评估结果以各种形式呈现给学院领导和教师团队，可以让他们全面了解学生在创新创业能力方面的表现情况，及时发现问题，制定改进措施。同时，评估结果也可以作为学院教学质量评估的重要参考依据，为教学改进提供科学依据。反馈机制能够确保评估结果得到有效利用，促进教育质量的持续提升。

评估结果的反馈不仅有助于学院和教师改进教学工作，也能够促进学生的成长和发展。在收到评估结果后，学院和教师可以根据学生表现，对教学内容、教学方法进行调整和优化，提高教学效果。同时，学生也可以根据评估结果，认识到自身存在的问题和不足之处，进一步完善自己的创新创业能力，提升个人竞争力。评估结果的反馈是促进学生自我提升的重要途径，也可以及时了解自身的成长状况，有针对性地进行自我调整和提升。有助于学生养成自我反思和自我改进的习惯。

评估结果的反馈与改进不仅有助于提高教学质量，也有助于促进学生的全面发展，推动创新创业教育的深入实施。通过不断地反馈与改进，创新创业能力培养工作将更加有效地推进，为培养应对未来挑战的创新创业人才打下坚实基础。

高职院校建筑设计类专业的创新创业能力培养评估是一个非常具有挑战性和实践意义的领域。随着社会经济的不断发展和创新创业能力在职场中的重要性日益突显，高职院校对学生的创新创业能力培养也愈发重视。因此，如何科学合理地评估学生在创新创业能力方面的表现，成为高职院校教育教学工作中一个亟待解决的问题。评估工作对于提升学生的实践能力和创新思维具有重要作用，是实现教育目标的关键环节。

在高职院校建筑设计类专业中，学生只有具备丰富的设计理念、创新思维和实践能力，才能胜任未来在建筑设计领域的工作。因此，评估学生的创新创业能力不能仅仅停留在传统的考试成绩和项目作品展示上，还需要考虑到学生的创新意识、团队协作能力、解决问题的能力等方面。为了更全面地评估学生在创新创业能力方面的表现，高职院校建筑设计类专业需要结合实际情况和理论研究成果，制定出一套科学合理的评估标准。评估标准的制定需要综合考虑行业需求和学生发展，确保评估的全面性和有效性。

评估标准应该符合建筑设计行业的特点和要求，考虑到行业的最新发展趋势和技术要求。例如，可以设置项目设计竞赛、实习实训评价、创新创业项目成果展示等环节，来评估学生在实际项目中的表现和成果。同时，还可以引入行业专家、企业导师等外部评价人员，对学生的创新创业能力进行客观评价，提供更具科学性的评估结果。通过行业专家的参与，可以确保评估结果与行业实际需求保持一致，提高评估的实用性和针对性。

评估标准还应该结合课程设置和教学方法，确保评估内容与教学目标相一致。高职建筑设计类专业的课程设置应该重视实践性和项目性教学，培养学生的设计能力和创新意识。评估标准可以包括课程项目成绩、设计作品评价、创新创业课程学习情况等方面，从而全面评估学生在创新创业能力方面的表现。通过课程与评估的紧密结合，可以确保学生在学习过程中不断提升自己的创新创业能力。

评估标准还应该考虑到学生个体差异和发展需求，采取多元化的评估方法，促进学生的全面发展。可以通过问卷调查、个人陈述、小组讨论、实践操作等方式，了解学生的创新创业能力表现，并针对学生的不同特点和需求，制定个性化的培养方案和改进措施。多元化的评估方法能够确保评估结果的公正性和全面性，有助于学生根据自身情况制定合理的学习计划。

评估工作是高职院校教育质量提升的重要手段，对于培养适应未来社会需求的高素质人才具有重要意义。高职院校建筑设计类专业在创新创业能力培养评估方面需要不断探索和实践，结合实际情况和理论研究成果，制定出符合行业特点和教学目标的科学合理的评估标准。通过多维度、多元化的评估方法，可以更好地促进学生创新创业能力的提升，推动教学质量的持续提升，为学生的职业发展和未来创新创业之路奠定坚实基础。

二、创新创业项目与成果

在高等职业教育院校的建筑设计专业领域，创新与创业项目的数量、层次及成果构成了评估学生创新与创业能力的关键指标。通过对这些数据的统计分析，能够更全面地掌握学生在创新与创业领域的表现，评估项目的实践价值与示范效应，从而为教学品质的提升及学生职业成长提供坚实的支持。

创新与创业项目数量的统计分析是判断学生参与创新与创业活动积极性的重要参考。高职建筑设计类专业学生在校期间参与的创新与创业项目数量，反映了他们对创新与创业活动的积极性与参与程度。通过对比不同学年、不同班级学生参与创新与创业项目的数量，可以揭示项目参与度的动态变化趋势，进而适时调整教学策略和项目规划，以引导更多学生投身于创新与创业活动。

创新与创业项目的层次同样是衡量学生实践技能与创新能力的关键

指标。高质量的创新与创业项目通常要求学生具备卓越的设计能力、创新思维及团队协作能力。因此，对不同层次创新与创业项目的数量与质量进行统计分析，能够客观评价学生的实践技能与能力水平。高质量的创新与创业项目不仅为学生提供了更宽广的发展空间，也有助于提升学校的学术声誉与行业影响力。

评估创新与创业项目的实践价值与示范效应需综合考量项目的成果及其影响力。创新与创业项目的成果涵盖了获奖情况、专利申请、产品研发等多个方面，这些成果直接体现了学生在创新与创业过程中的实际成就与价值。同时，创新与创业项目的示范效应也需考虑其对学生的专业成长及行业发展的推动作用。通过评估创新与创业项目的实践价值与示范效应，可以为学生提供更精准的指导与支持，促进其创新与创业能力的全面提升。

通过对创新与创业项目数量、层次及成果的统计分析，并评估项目的实践价值与示范效应，能够全面掌握学生在创新与创业方面的表现，为提升教学品质及促进学生职业成长提供科学依据与有效策略。这将有助于高等职业教育院校建筑设计类专业学生更好地适应未来职业发展的需求，为建筑设计行业的创新与进步作出更大的贡献。在高等职业教育院校建筑设计专业产教研创融合实践的创新与创业项目及成果评估方面，以下案例、数据分析和理论研究提供了具体的参考。

案例 7-14

一直以来广西现代职业技术学院（以下简称"学院"）的建筑设计类专业致力于通过创新创业项目激发学生的实践能力和创新潜力。这一举措不仅为学生提供了更多展示自己才华的平台，也为他们提供了实践机会，让他们在实际项目中学以致用，将所学理论知识转化为实际技能。

在学院的倡导下，学生积极参与各种创新创业项目或活动，其中包括乡村建筑设计类项目和绿色建筑技术研发等。这些项目不仅为学生提

第七章 乡村振兴背景下高职院校建筑设计类专业产教研创融合实践成效评估

供了锻炼自己的机会，还促进了他们的个人成长和专业发展。通过参与这些项目，学生不仅能够拓宽自己的视野，还能够结识更多志同道合的伙伴，共同探讨和解决实际问题。

在乡村建筑设计竞赛中，学生们能够深入了解当地乡村的文化和特色，结合自己的专业知识，设计出符合当地需求和环境的建筑设计方案。这不仅提升了学生们的设计能力，还让他们认识到建筑设计的社会责任，培养了他们对乡村建设的关注和热情。

而在绿色建筑技术研发项目中，学生们将理论知识与实践相结合，探索可持续建筑技术和绿色环保理念，为未来的建筑行业注入新的活力和创新力量。通过这些项目，学生们学会了团队合作、项目管理和创新思维，为他们未来的职业发展奠定了坚实的基础。

除了参与各种创新创业项目，学院还鼓励学生将项目成果转化为教学内容，与更多的同学分享和交流。这种知识传承和分享的方式不仅促进了学生之间的交流和合作，还为更多学生提供了学习的机会和启发。

学院的建筑设计类专业通过创新创业项目的推动，不仅提高了学生的实践能力和创新能力，还为他们未来的职业发展打下了坚实的基础。这种注重实践和创新的教育理念，将为学生们的未来之路增添更多可能性和机遇。

通过对学院创新创业项目的数量、层次和成果进行深入研究，发现这些项目在提高教学质量、促进学生实践能力培养等方面取得了显著成效。这些项目不仅为学生提供了宝贵的实践机会，还为他们的个人成长和未来职业发展奠定了坚实基础。

通过对参与创新创业项目的学生进行深入调研发现，在相关竞赛中获奖率较高。这表明学生在项目中所学习到的知识和技能不仅能够帮助他们在学术领域取得成功，还能够在实践中展现出色的表现。这种成功不仅仅体现在成绩上，更重要的是培养了学生的创新意识和团队合作能力，为他们未来的职业发展打下了坚实的基础。

数据显示，参与创新创业项目的学生毕业后在乡村建筑设计领域的就业率相对较高。这说明学生在项目中所获得的实践经验和专业知识能够使他们更容易融入特定领域并适应工作环境。这种就业率的提高不仅得益于学生在项目中的学习和实践，也反映了学院对学生职业发展的关注和支持。

综合以上分析可知，学院的创新创业项目在提高教学质量、促进学生实践能力培养等方面发挥了重要作用。学生通过参与这些项目，不仅能够积累实际的项目经验并获得技能培养，还能够在竞争激烈的职场中脱颖而出。因此，学院应继续加强对创新创业项目的支持和培养，为学生提供更多更好的发展机会，从而推动教学质量的提升和学生实践能力的全面发展。

在创新创业项目与成果评估中，学院还注重项目的实践意义和成果的应用价值。评估不仅仅是为了了解项目的实施情况，更重要的是为了确保项目能够产生实际的效果和价值。学院鼓励学生将所学知识和技能应用于实践中，培养他们的创新精神和实践能力，从而为他们未来的创业之路奠定坚实基础。

学院在创新创业项目与成果评估中强调了全面性、系统性以及各利益相关方的参与。借此，学院能够更好地评估项目的质量和效果，为学生实现创业梦想提供有力支持，并为创新创业教育的持续发展做出积极贡献。

该专业在创新创业项目与成果评估方面体现了以下特点。

1. 创新创业项目对于乡村振兴具有重要的实践意义。项目能够促进农村经济发展、改善农民生活水平，推动乡村产业升级，实现乡村全面振兴的目标。

2. 创新创业项目为乡村带来了新的发展机遇和活力。通过引入创新理念、技术和管理模式，可以激发乡村的潜在经济活力，促进新兴产业的发展和壮大。例如，引入现代农业科技、发展乡村电商、建设乡村旅游景点等创新创业项目，可以为乡村带来更多的就业机会和经济效益，有效提高农民的生活水平。

3. 创新创业项目有助于推动乡村产业结构的升级和转型。传统的农业生产模式已经难以满足现代社会的需求，需要通过创新创业项目来引入新的产业和服务业，推动乡村产业结构的升级和转型。例如，发展农村电商平台，推广农产品加工业，建设乡村休闲农庄等创新创业项目，可以带动乡村产业的多元化发展，提升乡村经济的竞争力。

4. 创新创业项目也可以促进乡村社会文化的发展和传承。通过开展文化创意产业、传统工艺复兴等创新创业项目，可以挖掘和传承乡村的历史文化资源，丰富乡村的文化内涵，增强乡村的凝聚力和吸引力。同时，这些项目还可以为乡村青年提供更多的就业机会和更大的创业空间，激发他们对乡村发展的热情和参与度。

5. 创新创业项目为乡村振兴提供了良好的示范和引领。乡村是中国式现代化建设的重要组成部分，如何实现乡村的全面振兴是当前亟待解决的问题。创新创业项目作为一种有效的发展模式和路径，可以为乡村振兴提供良好的示范和引领。通过推广成功的创新创业项目经验，可以为其他乡村提供借鉴和参考，推动乡村振兴战略的全面推进。

6. 创新创业项目紧密结合乡村振兴的实际需求，具有重要的实践意义。通过引入创新理念、推动产业升级、促进文化传承和提供示范引领，创新创业项目为乡村振兴注入了新的活力，为实现乡村全面振兴的目标提供了有力支持。

创新创业项目的成果不仅仅停留在项目本身，更具有广泛的应用和推广价值。这些成果可以应用于教学领域，为学生提供实践机会和案例学习，同时也可以在实际项目中应用，为社会带来实际效益。下面我将详细展开说明创新创业项目成果的应用和推广价值。

创新创业项目成果在教学领域具有重要意义。这些项目可以作为教学案例，为学生提供真实的创业和实践机会。通过学习这些案例，学生可以了解创新创业的全过程，包括项目策划、市场调研、团队协作、风险管理等方面，从而培养他们的创新意识、团队合作能力和解决问题的能力。教学中引入创新创业项目成果，可以使学生更加深入地理解理论知识，提高他们的实践能力，为他们未来的创业和就业奠定基础。

创新创业项目成果在实际项目中也具有重要的应用价值。这些成果可以为企业和机构提供创新的思路和解决方案，帮助他们开拓新市场、提升产品和服务质量，增强竞争力。一些成功的创新创业项目可能会孵化出新产品、新技术或新模式，这些成果可以为其他企业提供借鉴和参考，促进产业升级和转型发展。同时，创新创业项目成果也可以为政府部门提供政策建议和决策支持，帮助他们更好地推动经济发展和社会进步。

创新创业项目成果的推广还可以带动更多的创新创业活动，形成良性循环。成功的项目案例可以吸引更多的创业者和投资者参与到创新创业领域，促进资源的集聚和优化配置，推动整个创新创业生态系统的建设和完善。通过不断推广创新创业项目的成果，可以实现知识和经验的传播，促进产业发展和社会进步。

创新创业项目成果的应用和推广具有重要的意义和价值。这些成果不仅可以为教学和实际项目提供支持，还可以为社会经济的发展和进步贡献力量。

高职院校建筑设计类专业的创新创业项目与成果评估方面，是一个既具有挑战性又充满机遇的领域。在这个领域中，学生不仅需要具备扎实的理论知识，还需要具备创新思维和实践能力。因此，如何结合实际情况和理论研究成果，制定出一套科学合理的评估标准，成为高职院校

第七章 乡村振兴背景下高职院校建筑设计类专业产教研创融合实践成效评估

建筑设计类专业教学质量持续提升的关键。

针对创新创业项目的评估,高职建筑设计类专业需要考虑项目的创新性、实用性和可持续性。评估标准应该充分考虑项目的原创性和创新性,以及项目对行业发展的贡献度。同时,项目的实用性也是评估的重要标准,即项目是否能够解决实际问题、满足市场需求。另外,评估标准还需要考虑项目的可持续性,即项目是否具有长期发展和持续盈利的潜力。

针对成果评估,高职建筑设计类专业需要考虑项目的成果展示、效果和转化。项目的成果展示是评估的重要环节,需要考虑项目成果的展示方式、表现形式和效果呈现。研究的成果则需要评估项目成果对社会、行业和个人的影响和贡献。成果转化是评估的关键点,即项目成果是否能够转化为商业价值或社会效益。为了制定出科学合理的评估标准,高职建筑设计类专业可以采取以下措施。

一是借鉴国内外相关领域的评估标准和经验,结合行业标准和需求,根据实际情况制定适合本专业的评估标准。高职建筑设计类专业在创新创业项目与成果评估方面,需要借鉴国内外相关领域的评估标准和经验,结合行业标准和需求,制定适合本专业的评估标准。在这个过程中,需要考虑项目的创新性、实用性、可持续性以及学生的综合素质提升等因素,以确保评估的科学性和有效性。从国内外相关领域的评估标准和经验中可以借鉴到一些有效的方法和指标。比如,可以参考国际上通用的项目评估标准,如项目的目标和愿景、市场分析、商业模式、团队能力等方面的评估指标。同时,也可以借鉴国内相关领域的成功案例,了解其评估标准和方法,从中吸取经验教训,为本专业的评估工作提供借鉴。

二是需要结合行业标准和需求,制定符合实际情况的评估标准。例如,在建筑设计行业中,项目的创新性和实用性是非常重要的评估指标。评估标准可以包括项目的设计理念、技术创新、可持续发展等方面,以确保项目符合行业标准和市场需求。此外，还可以考虑行业内的专业认证标准，如建筑设计师资格认证标准，为评估提供参考。

三是评估标准还应该考虑学生的综合素质提升。除了项目的成果评估，还可以对学生在项目中的表现、团队合作能力、创新能力等方面进行评估，以全面了解学生的能力和潜力。评估内容可以包括学生的项目报告、展示演示、问题解决能力等方面，从而促进学生的全面发展和提升。

高职建筑设计类专业在制定评估标准时，应该综合借鉴国内外相关领域的经验和标准，结合行业标准和需求，同时考虑学生的综合素质提升，制定科学合理的评估标准。只有这样，才能有效提升教学质量，促进学生的综合素质提升，推动行业的发展和创新。

设立专门的评估委员会或专家组，由资深教师、行业专家和企业代表组成，共同制定和评估项目的标准。在高职建筑设计类专业的创新创业项目与成果评估中，设立专门的评估委员会或专家组是非常重要的一环。通过由资深教师、行业专家和企业代表组成的评估委员会或专家组，可以有效地制定和评估项目的标准，确保评估的科学性和客观性，同时也能够提供专业的指导和支持，帮助学生更好地发展和成长。

评估委员会或专家组的成员需要具备丰富的教学经验、行业经验和企业经验，能够全面而深入地了解项目的需求和要求。资深教师可以提供教学和学术方面的指导，行业专家可以提供行业发展趋势和实践经验，企业代表可以提供实际项目运作的视角和需求。他们共同组成的评估委员会或专家组，可以将多方面的专业知识和经验融入评估标准中，确保评估的全面性和有效性。

评估委员会或专家组可以共同制定适合本专业的评估标准，包括项目的创新性、实用性、可持续性等方面的要求。通过专家们的讨论和协商，可以确保评估标准的科学性和符合实际需求。评估标准的制定需要结合行业发展的趋势和学生的实际情况，既要注重理论性，也要注重实践性，使评估标准更加具有针对性和可操作性。

评估委员会或专家组可以参与项目的评估过程，对项目的各个环节进行跟踪和监督。通过评估委员会或专家组的专业评审和指导，可以及时发现问题和提出改进建议，帮助学生完善项目、提高质量。评估委员会或专家组还可以为学生提供及时的反馈和指导，帮助他们更好地理解评估标准和要求，提升项目的水平和竞争力。

设立专门的评估委员会或专家组对高职建筑设计类专业的创新创业项目与成果评估具有重要意义。通过专家们的专业知识和经验，可以制定科学合理的评估标准，提供有效的指导和支持，促进学生的全面发展和行业的进步。

鼓励学生参与评估标准的讨论和制定过程，激发学生的创新意识和实践能力。评估委员会或专家组在高职建筑设计类专业的创新创业项目与成果评估中扮演着至关重要的角色，而鼓励学生参与评估标准的讨论和制定过程，则是促进学生成长和提升实践能力的重要途径。通过让学生参与评估标准的讨论和制定，可以激发他们的创新意识，培养他们的批判性思维和团队合作能力，从而为他们未来的职业发展奠定坚实的基础。

让学生参与评估标准的讨论和制定过程可以激发他们的创新意识。在这个过程中，学生将有机会思考和探讨什么样的标准才能真正反映创新和实践的核心要素，从而激发他们寻求新颖解决方案和创造独特价值的能力。通过参与讨论和制定评估标准，学生可以学会从多个角度思考问题，培养敏锐的观察力和创造力，为他们未来的职业发展打下坚实基础。

让学生参与评估标准的讨论和制定过程可以培养他们的批判性思维、逻辑推理能力和团队合作能力。与他人合作、协商并达成共识，这有助于培养他们的团队合作能力和沟通技巧。在这个过程中，学生要学会尊重他人观点、倾听他人意见，并能够有效地与他人合作，这对于他们未来在团队工作中的表现至关重要。

让学生参与评估标准的讨论和制定过程可以提升他们的实践能力。通过参与评估标准的讨论和制定，学生将更好地理解实践中所面临的挑战和机遇，从而提升他们解决问题和应对挑战的能力。此外，学生还可以通过实际操作和实践经验来验证和完善评估标准。

让学生参与评估标准的讨论和制定过程对学生未来发展是非常有益的。因此，评估委员会或专家组应该鼓励和支持学生参与评估标准的讨论和制定过程，为他们提供更广阔的成长空间和发展机会。

定期对评估标准进行调整和优化，根据实际情况和发展需求进行改进。在高职建筑设计类专业的创新创业项目与成果评估中，定期对评估标准进行调整和优化是至关重要的。随着社会的进步和行业的发展，评估标准需要与时俱进，以确保评估的公正性、客观性和有效性。通过对评估标准进行改进，可以更好地引导学生的学习和实践，促进他们在创新创业项目中的成长和发展。

定期对评估标准进行调整和优化可以确保评估的公正性。随着社会的不断发展，行业的变化和需求也在不断变化，评估标准需要及时调整以适应这些变化。只有不断优化评估标准，才能确保评估的公正性，让每位学生都有公平的竞争机会，促进他们的全面发展和成长。

定期对评估标准进行调整和优化可以提高评估的客观性。评估标准应该能够客观地反映学生的实际能力和表现，而不受主观因素的影响。通过定期对评估标准进行调整和优化，可以确保评估的客观性，让评价更加准确和公正，为学生提供更有针对性的指导和帮助。

定期对评估标准进行调整和优化还可以提高评估的有效性。评估标准应该能够有效地指导学生的学习和实践，促进他们在创新创业项目中取得更好的成绩和成就。通过对评估标准进行改进，可以使评估更加贴近实际情况，更有针对性地帮助学生提高自身能力和水平。

定期对评估标准进行调整和优化是推动高职建筑设计类专业创新创业项目与成果评估不断优化的重要举措。只有不断调整和优化评估标准，才能更好地引导学生的学习和实践，促进他们在创新创业项目中的全面发展和成长。评估委员会或专家组应该高度重视这一工作，为学生提供更加公正、客观和有效的评估体系，共同推动高职建筑设计类专业的发展和进步。

通过以上措施，高职建筑设计类专业可以建立起一套科学合理、具有前瞻性的评估体系，促进教学质量的持续提升。这不仅有助于学生综合素质和就业竞争力的提升，还能够推动整个行业的发展和创新。

三、创新创业实践成效

对高职建筑设计类专业教育而言，评估创新创业在促进学生就业、创业及创新能力培养等方面的成效，是一项至关重要的任务。通过对学生在创新创业项目中的表现与取得的成果进行系统性评估，能够全面掌握其实际能力与潜力，为他们未来的就业与创业活动提供有力支持。此外，评估工作亦有助于学校与教师调整教学策略与内容，进而促进学生创新创业能力的培养与提升。

首先，创新创业可以促进就业。在促进学生就业方面，创新创业项目的成效评估有助于学生展示其在项目中所取得的成果与经验。这些实际案例与经验对学生求职与就业具有显著的参考价值。通过评估，学生能够清晰认识到自己在创新创业领域的优势与不足，从而有针对性地提升个人能力与竞争力，更好地适应就业市场的需求。

其次，创新创业可以促进创业。在促进学生创业方面，评估工作能够帮助学生更有效地规划与实施创业项目。通过对创业项目的评估，学生能够及时发现并解决项目中存在的问题与不足，调整与优化创业计划，从而提高项目的成功率与可持续性。评估亦有助于学生了解市场需求与行业趋势，引导他们选择适宜的创业方向与策略，促进创业项目的顺利发展。

在学生创新能力培养方面，评估工作能够激发学生的创新潜能。通过对学生创新项目的评估，可以鼓励学生不断挑战自我，勇于尝试新的创新思路与方法，培养其创新意识与能力。评估亦有助于学生更好地学习与吸收创新理念与方法，提高其解决问题与创新的能力，为将来的创新创业实践打下坚实基础。

综上所述，评估创新创业实践成效在促进学生就业、创业及创新能力培养方面具有不可忽视的重要性。通过定期对学生创新创业项目进行评估，能够全面了解学生的实际能力与发展趋势，为他们的就业与创业提供有力支持。同时，评估工作亦有助于学生不断提升创新能力，培养创新精神，为未来的职业发展奠定坚实基础。评估工作的持续优化与改进，将为高职建筑设计类专业的教育质量提升与学生发展提供重要保障。在高职建筑设计类专业产教研创融合实践的创新创业实践成效评估方面，以下案例、数据分析与理论研究提供了具体的参考。

案例 7-15

广西现代职业技术学院（以下简称"学院"）的建筑设计类专业通过创新创业实践项目，培养了学生的实践能力和创新能力。学院鼓励学生参与创新创业项目，如乡村建筑设计竞赛、绿色建筑技术研发等。通过这些项目，学生能够将理论知识与实践相结合，提高解决实际问题的能力。同时，学院还鼓励学生将创新创业项目成果转化为教学内容，使更多学生受益。

在当代社会，创新与创业已经成为推动社会进步、培养人才的重要手段。针对这一趋势，各大学院纷纷开展了创新创业实践项目，旨在激发学生的创造力、培养他们的实践能力。通过对这些项目的数量、级别、成果等数据进行深入分析，我们发现，这些项目在提高教学质量、促进学生实践能力培养等方面产生了显著成效。

在各类相关竞赛中，参与创新创业项目的学生获奖率较高。这表明，通过参与项目，学生能够获得更多的实践机会，提升自己的综合能力，在竞争激烈的环境中脱颖而出。这不仅增强了学生的自信心，也激励了他们更加努力地学习与实践，为未来的发展奠定了坚实的基础。

观察学生毕业后在乡村建筑设计领域的就业情况，参与过创新创业项目的学生在乡村建筑设计领域的就业率较高。这表明，通过参与项目，学生不仅能够在理论知识上得到提升，还能够获得实践经验，提高自己在特定领域的竞争力。这种实践能力的培养不仅受到企业的青睐，也符合社会的需求，为学生未来的就业发展提供了更广阔的空间。

我们可以看到，创新创业实践项目在提高教学质量、促进学生实践能力培养等方面取得了显著成效。这些项目不仅为学生提供了更多的实践机会，也成为他们的综合能力提升的有效途径。未来，学院将继续加大对创新创业实践项目的支持力度，不断完善项目体系，为学生的发展提供更多的机会与平台。

学院在创新创业实践成效评估中也注重了成果的应用价值。评估不仅关注项目的过程和学生的参与情况，还要关注项目的最终成果和应用效果。学院努力确保创新创业项目的成果能够真正应用到实际生产和社会实践中，为学生的职业发展和社会经济发展做出积极贡献。通过强调成果的应用价值，学院可以更好地评估创新创业实践的实际效果和影响，为学生未来的发展提供有力支持。

学院在创新创业实践成效评估中注重了评估的全面性和系统性，强调了项目的实践意义、学生的参与度和成果的应用价值。通过运用理论指导，学院可以更科学地评估创新创业实践的成效，促进学生创新创业能力的提升和社会经济发展。

该专业在创新创业实践成效评估方面体现了以下特点：

创新创业实践项目与乡村振兴的结合，具有重要的实践意义。这种结合不仅是对传统乡村发展模式的颠覆和重构，更是对乡村振兴战略的有力支持和实践。在当代社会，乡村振兴已经成为国家发展的重要战略，而创新创业作为推动社会进步和经济发展的引擎，与乡村振兴的紧密结合，将在乡村振兴的道路上探索出新的可能性和机遇。

创新创业实践项目对乡村振兴具有重要意义，因为它们能够为乡村带来新的发展动力和活力。通过创新的商业模式、科技应用和服务理念，创业者可以为乡村带来新的经济增长点和就业机会，推动乡村产业升级和转型。在乡村振兴的背景下，创新创业项目的涌现不仅可以完善乡村经济结构，还可以带动乡村资源的有效利用，实现乡村经济的可持续发展。

创新创业实践项目紧密结合乡村振兴的实际需求，也具有改善农民生活的实践意义。通过创新产业发展和服务模式，创业者可以为农民提供更多元化的就业机会和增值服务，帮助农民增加收入，提高生活质量。同时，创新创业项目还可以促进农村教育、医疗、文化等公共服务质量的提升，满足农民多样化的需求，提升农村居民的幸福感和获得感。

创新创业实践项目与乡村振兴结合，还有助于推动乡村文化传承和振兴。乡村是中国传统文化的重要承载地，而创新创业项目的涌现为传统文化的传承和发展带来新的契机。通过挖掘乡村文化资源，发展文化创意产业，创业者可以将传统文化与现代科技、商业相结合，打造具有乡土特色和文化底蕴的产品和服务，推动乡村文化的传承和振兴。

创新创业实践项目所取得的成果不仅仅停留在实践层面，更具有广泛的应用和推广价值。这些成果可以在教学和实际项目中得到有效应用，助力社会经济发展。通过将创新创业实践项目的成果运用于教学和实际项目中，可以有效地促进知识的传播和产业的发展。

创新创业实践项目的成果在教学中具有重要的应用意义。这些成果可以成为教学资源，为学生提供实践机会和案例研究，帮助他们更好地理解和应用课堂所学知识。通过将实践项目的经验和成果融入教学内容中，可以激发学生的创新意识和提升实践能力。同时，教学过程中也可以通过实践项目成果的展示和分享，激发学生对创新创业的兴趣，引导他们更深入地参与创新创业实践。

创新创业实践项目的成果在实际项目中也具有重要的推广价值。这些成果可以为企业提供创新思路和解决方案，帮助他们提升竞争力和实现可持续发展。通过将实践项目的成果应用于实际项目中，可以推动产业升级和转型，促进经济发展和社会进步。同时，实践项目的成果也可以为政府决策提供参考，为乡村振兴和社会发展提供新的思路和方向。

同时创新创业实践成效评估结果及时反馈给学院和相关教师，为教学改进提供了指导。

在高职院校建筑设计类专业中，创新创业实践成效评估是一项至关重要的工作，它不仅可以帮助学校和教师了解学生在实践中的表现，也可以为学生提供一个全面发展的机会。为了制定出科学合理的评估标准，我们需要结合实际情况和理论研究成果，以确保评估的客观性和准确性。

专业知识水平评估。学生在建筑设计理论、技术知识等方面的掌握程度应该是评估的重要指标之一。可以通过考查学生在相关课程中的学习成绩、学术论文质量、参与竞赛获奖情况等方面来评估其专业知识水平。学生对建筑设计领域的最新发展动态和趋势的了解程度也是评估的重要内容。因此，也可以通过考查学生对相关领域的研究成果、参与学术活动的情况等来评估其专业知识水平。

实践能力评估。学生在实践中的设计能力、解决问题能力、团队协作能力等方面的表现应该是评估的重要内容。可以通过学生完成的实际设计项目的质量、创新性，以及与团队合作的情况来评估其实践能力。学生在实践中的创新意识和创业能力也是评估的重要指标之一。可以通过学生提出的创新点子、创业计划的可行性分析、创业实践的效果等方面来评估其创新创业能力。

综合素质评估。除了专业知识水平和实践能力外，学生的综合素质也是评估的重要内容。可以通过考查学生的综合素质表现，如沟通能力、领导能力、责任意识等方面来评估其综合素质。学生在实践过程中的自我反思能力和学习能力也是评估的重要指标之一。可以通过学生的实践报告、实践总结等反映学生对实践过程的认识和反思的情况来评估其自我发展能力。

通过以上要素制定的评估标准，可以全面、客观地评估高职建筑设计类专业学生的创新创业实践成效，促进教学质量的持续提升。同时，评估结果也可以为学校和教师提供有针对性的改进建议，进一步提升教学质量，培养出更多具备创新创业能力的优秀学生。

以上从人才培养质量、科研引领、校企合作、教学改革和创新创业五个方面对高职建筑设计类专业产教研创融合实践成效进行了评估。评估结果表明，产教研创融合实践在提高人才培养质量、推动科研与教学融合、促进校企合作、深化教学改革和培养学生创新创业能力等方面取得了显著成效。同时，本文针对评估过程中发现的问题，提出了相应的改进措施和建议。

第六节 乡村振兴背景下建筑设计类专业产教研创融合的成功实践经验与启示

一、产教研创融合的成功实践经验

（一）创业与就业的一体化

在乡村振兴战略的背景下，高等职业教育中建筑设计类专业的教学与实践正经历着深刻的变革。特别是创业与就业的融合，这一现象不仅局限于教育领域，更是一个涉及人才培养、产业进步以及地区经济振兴的综合性议题。本研究旨在探讨在乡村振兴战略的背景下，高等职业教育中建筑设计类专业如何推进创业与就业的融合，以及这种融合对人才培养和产业发展产生的深远影响。

创业与就业的一体化是对传统教育模式的创新。该模式强调在教学过程中融入创业教育，使学生在掌握专业知识和技能的同时，能够培养创业思维、创新精神和实践能力。这种综合性的教育模式不仅能够提高学生的就业率，还能为社会培养出更多具备创新和实践能力的实用型人才，这对于促进乡村振兴具有重要的意义。

高等职业教育中建筑设计类专业在实施创业与就业一体化的过程中，应紧密联系地方经济社会的发展需求。乡村振兴战略的实施为该专业的发展带来了新的机遇与挑战。专业教育不仅要满足就业市场的需求，还需响应乡村建设的需求，培养能在新农村建设、乡村旅游、传统村落保护等领域进行创新和实践的专业人才。

创业与就业的融合迫切需要构建一个校企合作的生态系统。通过校企合作，可以确保教学内容与市场需求的有效对接，学生能在真实的工作场景中进行实习和实践,而企业也能通过这种方式培养和吸引人才。这种模式不仅有助于提升学生的实践能力和就业竞争力,还能为企业提供稳定的人才资源,实现校企互利共赢。

创业与就业的一体化要建立健全支持机制。这包括提供创业指导、资金援助、法律咨询等服务,全面支持学生创业。同时,还需构建完善的创业孵化体系,为学生创业项目提供实验、试点、应用等一系列服务,助力学生将创新成果转化为实际的生产力。

在乡村振兴战略背景下,高等职业教育中建筑设计类专业的创业与就业一体化,是一个系统工程,需要教育、产业、社会等多方面的共同努力。只有这样,才能真正实现人才培养与产业需求的有效对接,为乡村振兴提供强大的人才和智力支持。高等职业教育中建筑设计类专业的创业与就业融合是一个复杂的系统工程,需要教育、产业、社会等多方面的共同努力。

(二)多方协作机制

在乡村振兴战略的背景下,高等建筑设计类专业的产教研创融合探索,不仅代表了对教育模式的革新,也体现了对人才培育体系的优化。在此过程中,多方参与的协作机制扮演了极其关键的角色。本研究旨在分析在高职建筑设计类专业产教研创融合研究中,多方协作机制的应用及其重要性。

多方协作机制是指在高职建筑设计类专业产教研创融合的实施过程中,政府、企业、高校、研究机构以及其他相关单位之间形成的紧密合作关系。这种合作关系的构建,有助于实现资源的共享、优势的互补,从而提升人才培养的质量和效率。

在这一机制中,政府承担着政策引导和资金扶持的角色。政府通过出台相关政策,为产教研创融合提供有利的外部环境和政策支持,并通过财政资助,确保项目实施的资金需求。例如,政府可以提供启动资金,支持高校与企业共同开发教学资源，或通过税收优惠，激励企业参与人才培养。

企业作为产教研创融合的重要参与者，其影响力不容忽视。企业不仅提供实践学习的平台，让学生在实际工作中获得经验，而且通过与高校的合作，共同开发适应行业需求的课程和教材。企业还能为学生提供实习实训机会，帮助他们深入了解行业现状和发展趋势，从而增强就业竞争力。

高校作为培养人才的主体，需要与企业、研究机构等建立紧密的合作关系。通过这种合作，使高校能够及时掌握行业动态和前沿技术，并根据企业需求调整课程内容，提升教学质量。同时，高校可利用其科研优势，为企业提供技术支持和问题解决方案，实现知识转化和技术创新。

研究机构在产教研创融合中起到了桥梁和纽带的作用。研究机构可以为高校和企业提供专业的技术咨询和研究支持，帮助解决实际工作中的技术问题。同时，研究机构还可以依托自身的研究成果，为行业提供发展动力和创新点。

高职建筑设计类专业产教研创融合的研究依赖于多方协作机制的共同推进。这种机制有助于实现资源的优化配置，提升人才培养的品质和效率，同时也促进了行业进步和区域经济发展。因此，建立和完善多方协作机制，是高职建筑设计专业产教研创融合成功的关键。

（三）创新人才培养模式

在乡村振兴战略不断推进的背景下，高等职业教育中建筑设计类相关专业的教育模式正面临前所未有的机遇与挑战。为了满足这一背景下提出的新要求，必须对传统教育模式进行革新，以培养出既具备扎实理论基础又具有实践能力的高素质人才，满足乡村振兴战略的人才需求。

必须明确的是，乡村振兴战略的实施不仅仅是对传统农村的改造与升级，它更是一种全方位的产业升级和创新发展。因此，高等职业教育中建筑设计类相关专业的教育模式也需与时俱进，不仅要注重学生专业技能的培养，还应重视培育其创新意识和实践能力。

在此背景下，创新教育模式的探索可以从以下几个方面展开。

一是结合地方实际需求，加强实践教学环节。通过与地方政府、企业建立紧密的合作关系，将乡村振兴相关的真实项目引入教学实践，使学生在真实的工作环境中进行实习和实践，从而提升其实践能力和问题解决能力。建立校企合作的实践基地，使学生能够参与具体的项目设计、施工管理等环节，实现理论知识与实践操作的有效融合。

二是推动跨学科的教育融合，以培养具备复合型知识结构的人才。鼓励学生跨学科学习，将建筑设计、景观设计、环境保护、历史文化等多个学科领域的知识融入课程体系中，以培养学生的综合素质和创新思维。开设创新创业相关课程，培育学生的创业意识和能力，为乡村振兴的可持续发展培育创新型人才。

三是强化设计思维的培养，以提升设计创新能力。通过案例分析、创新设计竞赛等方式，激发学生的设计创新能力。引入国际先进的设计理念和技术，拓宽学生的国际视野，提高他们的设计水平和创新能力。

四是注重全人教育，塑造全面发展的人才。除了专业技能的培养，还应重视学生综合素质的培养，如团队合作、沟通协调、领导力等，使学生能够适应不断变化的工作环境。通过开设公开课、讲座等，拓宽学生的知识面和视野，培养他们的社会责任感和服务意识。

五是建立能够动态调整的课程体系。课程体系的设计应具备足够的灵活性，根据乡村振兴的发展需求和行业变化及时调整，确保课程内容紧贴社会需求。

通过上述措施，可以有效创新高等职业教育中建筑设计相关专业的教育模式，为乡村振兴战略的实施提供坚实的人才支撑。这种教育模式不仅要求学生具备扎实的专业知识和技能，还要求他们具备创新精神、实践能力和综合素质，以适应乡村振兴背景下对建筑设计类专业人才的新要求。

（四）教学与产业的深度融合

在乡村振兴战略不断推进的背景下，高职建筑设计类专业的教学与产业深度融合，成为提升人才培养质量、服务地方经济社会发展的重要途径。

教学与产业的深度融合，要求教育内容和教学方法的创新。传统的教学模式往往与实际产业需求存在脱节，这不仅影响了学生的学习兴趣和就业能力的培养，也限制了教育的社会服务功能的发挥。因此，高职建筑设计类专业应积极探索与产业需求紧密结合的课程体系和教学模式，如项目式学习、案例分析法等，以增强学生的实践能力和创新能力。

教学与产业的深度融合，需要建立校企合作的紧密关系。通过与建筑设计企业、建筑规划设计机构等建立稳定的合作关系，学校可以引进行业的实际项目和技术，作为实践教学的重要内容。同时，企业也可以参与到课程标准的制定、教学资源的开发和教学过程的监督中，确保教育内容的实时更新和教育质量的持续提升。

教学与产业的深度融合，需要加强专业教学与创新创业教育的结合。高职建筑设计类专业的学生不仅要掌握传统的建筑设计知识和技能，还要具备创新创业的意识和能力。因此，学校应开设创新创业相关课程，组织创新创业训练和项目，鼓励学生参与到实际的创新创业活动中，以提升其综合素质和竞争力。

教学与产业的深度融合，还需要建立有效的评价和反馈机制。通过建立与企业合作的人才培养质量评价体系，可以及时了解教学成果与产业需求之间的匹配度，为教学改革提供依据。同时，也可以通过企业反馈，不断调整和优化教学内容和方法，确保教育的前瞻性和适应性。

高职建筑设计类专业在乡村振兴背景下，通过教学与产业的深度融合，可以有效提升人才培养的质量和社会服务能力。这需要从课程体系和教学方法的创新、校企合作的深化、与创新创业教育的结合以及评价反馈机制的建立等方面进行系统性的探索和实践。通过这些措施，可以实现产教研创融合的深入发展，为乡村振兴战略的实施提供有力的人才支持和技术服务。

二、产教研创融合的启示

（一）建立多主体协同机制

实施乡村振兴战略为高等职业教育建筑设计相关专业的发展带来了新的机遇与挑战。在当前背景下，该专业领域亟待探索产教研创融合的发展路径，其中构建多主体协同机制是实现该目标的核心环节。

构建多主体协同机制需明确各参与主体的角色定位与职责分工。在高等职业教育建筑设计相关专业中，主要参与主体包括政府部门、行业企业、高等院校、研究机构以及学生等。政府部门作为政策的制定者与监管者，应提供政策支持与法规保障，同时通过政策引导与激励措施，促进校企合作的深入发展。行业企业作为产教研创融合的实践者，通过与高校的合作，既可解决实际生产中的技术难题，又可为学生提供实践与创新的平台。高等院校与研究机构是多主体协同机制的核心，需通过课程设置、教学方法、科研项目等方面的改革与创新，培养满足行业需求的高素质人才。而学生作为受益者与参与者，其实践能力与创新能力是衡量多主体协同机制成效的关键指标。

构建多主体协同机制需建立有效的沟通协调机制。这包括定期的信息交流、问题讨论、项目合作等，以确保各主体间信息流通与资源共享。例如，可建立校企合作平台、召开研讨会、建立研讨组等，加强校企间的沟通与合作。同时，还需建立完善的协调机制，协调不同主体在项目合作中的利益关系，妥善处理合作过程中可能出现的矛盾与冲突。

构建多主体协同机制还需建立完善的激励与约束机制。激励机制主要通过提供物质与精神激励，鼓励各主体积极参与产教研创融合活动。约束机制则通过法律法规与合作协议等形式，规范各主体行为，确保合作的公平、公正、透明。

构建多主体协同机制还需持续的实践探索与优化。在实践过程中，应密切关注各主体的反馈意见，及时调整、改进协同机制的运行模式。同时，应定期进行效果评估，确保多主体协同机制能有效促进产教研创融合的发展。

构建多主体协同机制是高等职业教育建筑设计相关专业产教研创融合研究的关键内容。通过明确各主体的角色定位与职责分工、建立有效的沟通协调机制、完善的激励与约束机制，以及持续的实践探索与优化，可以有效推动高等职业教育建筑设计相关专业的发展，为乡村振兴战略的实施提供坚实的人才支持与技术保障。

（二）注重实践教育与产教研创用的结合

在乡村振兴战略的背景下，高等职业教育中建筑设计类专业的教育改革应以产教研创融合为指导原则。其中，实践教育与产教研创用的深度融合是提高人才培养质量的核心环节。实践教育的重要性体现在其能够将理论知识与实际操作相结合，使学生在真实或模拟的工作环境中积累实践经验，增强解决实际问题的能力。而产教研创用的深度融合则是将教育、研发、应用三者有机整合，形成闭环，以实现知识向实际生产力转化的目标。

实践教育的强化需构建与产业紧密对接的课程体系。这要求课程内容与行业标准、实际工程项目紧密对接，以强化学生的实践操作技能和创新思维。例如，引入企业合作项目，让学生参与实际设计与实施过程，从而提升其对专业知识的应用能力。

产教研创用的深度融合需建立校企合作的桥梁。通过与企业的深入合作，学校可引进企业的实际项目和专家，不仅丰富学生的实践经验，还使企业直接参与课程建设和教学改革。在此模式下，学生的学习内容与企业实际需求紧密结合，有助于学生快速适应职场环境，缩短理论与实践之间的差距。

实践教育与产教研创用的深度融合还需建立完善的实践教育评价体系。该体系应评价学生的理论知识、实践技能、创新能力和团队协作能力。通过此评价体系，能更准确地反映学生的综合能力，为学生未来职业发展提供指导。

实践教育与产教研创用的深度融合还需加强教师队伍的建设。教师作为理论与实践的桥梁，其专业素养和实践经验直接影响教学质量和人才培养效果。因此，学校应为教师提供专业培训和学术交流的机会，鼓励教师参与企业实际项目，以提升实践教学的质量。

实践教育与产教研创用的深度融合是高等职业教育中建筑设计类专业在乡村振兴战略背景下实现产教研创融合的重要途径。通过强化实践教育和深化产教研创用的结合，能有效提升学生的实践能力和创新能力，为社会培养出更多符合产业发展需求的高素质人才。

（三）深化产业人才培养模式改革

在乡村振兴战略的背景下，针对高职建筑设计类专业的产教研创融合研究，不仅是对教育模式的深入探索，也是对产业发展需求的积极回应。

高职建筑设计类专业的教育改革，须紧密贴合乡村振兴战略的核心需求。该战略的核心在于推动农业农村的全面升级，而在此过程中，建筑设计类专业的人才成为关键性资源。作为培养应用型人才的重要基地，高职教育的改革方向和内容必须与乡村振兴战略需求保持一致，确保培养出的学生能够满足乡村建设的实际需求。

产教研创融合的教育模式能够有效地满足产业对人才的需求。在此模式下，学校与企业的合作将更为紧密，教育资源与产业需求之间的对接将更为直接和高效。校企合作能够实现教育资源的共享，同时让学生在学习过程中直接接触到实际工作项目，从而增强其实践能力和创新能力。教育与产业的紧密结合，不仅能够提高学生的就业率，也能为产业发展注入新的活力。

在培养学生的过程中，高职建筑设计类专业应加强对学生创新能力和设计能力的培养。在乡村振兴背景下，建筑设计不仅包括传统住宅设计，还包括乡村公共设施、乡村旅游设施等多元化设计需求。因此，专业教育应引导学生掌握多元化的设计方法和技术，以满足乡村建设的多样化需求。同时，创新思维的培养也极为关键，它能够帮助学生在设计中融入新元素，推动乡村建设的创新发展。

高职建筑设计类专业应加强与乡村建设相关的新技术、新材料的教学研究。随着科技的进步，新技术、新材料的应用为乡村建设提供了更多可能性和便利。专业教育应及时更新教学内容，将这些新技术、新材料的使用和应用融入课程体系中，以培养学生的技术应用能力和创新实践能力。

在乡村振兴背景下，高职建筑设计类专业的产教研创融合研究，不仅能够为产业发展提供所需的人才，还能通过教育改革促进产业升级和地方经济发展。通过加强校企合作、重视创新能力与实践能力的培养，以及及时更新教学内容，高职教育可以为乡村振兴提供强大的人才和智力支持。

（四）优化资源共享与平台建设

在乡村振兴战略的背景下，针对高等职业教育中建筑设计类专业的产教融合与创新研究，特别是针对优化资源共享与平台建设的策略，是提升教育质量与服务地方经济社会发展的重要环节。

资源共享的优化是实现资源最大化利用的核心。在高等职业教育建筑设计类专业领域，这包括教学资源、科研资源、实习实训资源等多维度的整合与优化。通过构建与优化资源共享平台，可以实现资源的数字化与信息化管理，突破时空限制，提升资源的可获取性与使用效率。例如，可以构建一个在线教学资源库，支持学生进行远程学习与自主学习；构建一个科研资源共享平台，促进师生间研究数据与成果的共享。

平台建设作为资源共享的物理基础，其有效性体现在以下几点：首先，平台需具备用户友好性，以获得广泛用户群体的接受与使用；其次，平台需具备开放性，以实现与其他平台间的数据交换与资源共享；再次，平台需具备可扩展性，以适应用户需求与技术进步，进行功能的更新与升级。在平台构建过程中，需综合考虑用户体验、数据安全、系统稳定性等因素，确保平台的长期稳定运行。

在优化资源共享与平台建设的过程中，还需考虑以下方面：首先，需有政策支持与制度保障，为资源共享与平台建设提供支撑；其次，需有充足的资金投入，用于平台的建设与维护；最后，需有一支专业的技术团队，负责平台的建设、维护与更新工作。

优化资源共享与平台建设是高等职业教育建筑设计类专业在乡村振兴战略背景下实现产教融合与创新的重要策略。通过建立和完善资源共享平台，不仅能够提升资源使用效率，还能促进教育质量的提升与社会服务功能的增强，为地方经济社会发展贡献更大的力量。

（五）促进科技成果转化与应用

在乡村振兴战略背景下，针对高等职业教育中建筑设计类专业的产教研创融合研究，对于推动科技成果的转化与应用具有显著的现实意义。

高等职业教育中建筑设计类专业的教育与研究活动，必须紧密结合乡村振兴的核心需求。这要求教育者和研究者深入了解乡村的实际情况，识别乡村建设中的关键问题，并将这些问题转化为研究课题。通过这种方式，可以确保科技研发方向与乡村建设的实际需求相契合，从而提升科技成果转化的效率和实际效果。

产教研创融合的实施，能够为乡村建设提供创新的设计理念和方案。高等职业教育建筑设计类专业的学生，在掌握传统建筑设计知识和技能的同时，还需学习新技术、新材料的应用，并探索在乡村建设实际项目中的应用。通过实践教学和创新设计项目的实施，学生能够直接参与科技成果的实际应用，进而培养其创新思维和实践能力。

高等职业教育建筑设计类专业的产教研创融合研究，能够促进校企合作的深入发展。通过与乡村建设相关的企业、机构建立紧密的合作关系，为学生提供更多的实际项目参与机会，同时为企业输送人才资源和创新设计理念。这种校企合作不仅能够加速科技成果的应用与机制转化，还能够为乡村建设提供更为持续和稳定的支持。

高等职业教育建筑设计类专业在乡村振兴战略背景下的产教研创融合研究，还需要构建一套完善的评价和激励机制。激励机制应涵盖对学生、教师以及合作企业的激励，以确保各方的积极性和创造性得到充分激发；同时，评价体系对科技成果的转化应用效果进行评估，以便及时调整和优化产教融合的策略和路径。

（六）提升创新链与产业链的融合度

在乡村振兴战略的背景下，高等职业教育中的建筑设计类专业教育应积极回应国家层面的发展战略，推动产业、教育、研究与创新的深度融合。

加强创新链与产业链融合的重要性体现在，其能够为高等职业教育建筑设计类专业学生提供真实且丰富的实践平台，使学生的学习与实际工作环境紧密相连，从而提升学生的实践技能与创新能力。此外，创新链与产业链的融合有助于促进教育资源与地方经济社会发展的深度融合，实现教育的地方化与特色化发展。

为实现创新链与产业链的有效融合，需采取以下措施：

构建产教研创融合的平台。搭建校企合作的桥梁，通过建立实训基地、实验室、创新工作室等，为学生和教师提供项目实践的机会，同时为企业提供科研成果的转化平台。

深化课程内容与产业需求的对接。及时将行业最新动态和技术进步融入课程教学中，使课程内容更具实用性和前瞻性。同时，可采用工作坊、短期课程等形式，邀请行业专家举办讲座或实践指导，以增强学生的行业认知和专业素养。

强化学生创新能力的培养。通过开展创新项目、创业竞赛、科研课题等活动，激发学生的创新实践热情。同时，鼓励学生参与具体的乡村建设项目，如乡村规划、民居设计等，以增强其解决实际问题的能力。

建立校企共同评价体系。校企共同制定一套科学的评价标准，对学生创新实践能力、企业项目需求、课程实践效果等进行综合评价，形成反馈机制，不断优化学校与企业合作过程。

加强知识产权的保护与运用。学校和企业应共同为学生和教师的创新成果提供知识产权保护，并为成果的转化提供支持和指导，以激发师生创新活力。

通过上述措施，可以有效地促进创新链与产业链的融合，为高等职业教育中的建筑设计类专业学生提供更多的实践机会，提升其创新能力，同时也能为乡村建设提供有力的人才支持。

（七）培育创新创业文化与环境

在乡村振兴战略的推进过程中，高职院校的建筑设计类专业迎来了新的发展机遇与挑战。该专业的教育目标不仅在于培养学生的技术能力，更应着重于培育其创新创业精神与文化，以满足乡村建设的新需求。

创新创业精神的培育应从校园文化建设入手。校园文化是培育学生价值观和行为模式的关键因素。高职建筑设计类专业可借助举办创新设计竞赛、创新工作坊、创新实践活动等，激发学生的创新意识和创业热情。这些活动不仅能够提升学生的专业技能，还能让学生在实践中体验创新的乐趣和创业的挑战。

构建创新创业环境需搭建多元化的学习与实践平台。例如，建立校企合作平台，与乡村建设相关企业建立紧密的合作关系，为学生提供实习实践的机会，使学生在真实的工作环境中学习和锻炼。同时，学校可设立创新创业孵化中心，为有创业意愿的学生提供项目孵化、资金支持、法律咨询等服务，降低学生创业的门槛和风险。

深化创新创业教育是培育创新创业精神与文化的核心。高职建筑设计专业应将创新创业教育融入常规教学中，开设相关课程，如"创新创业基础""创新设计方法"等，培养学生的创新思维和创业能力。同时，建立创新创业导师制度，由具有丰富创业经验的教师或企业家为学生提供指导，帮助学生在创新创业的道路上规避风险。

创新创业精神的培育还需建立完善的激励机制。学校应设立创新创业奖学金、创业实践学分等激励措施，鼓励学生参与创新创业活动。通过这些激励机制，可以提高学生的积极性和主动性，形成积极向上的创新创业氛围。

培育创新创业精神与文化是高职建筑设计类专业在乡村振兴背景下适应新要求的重要任务。通过加强校园文化建设、搭建多元化的学习与实践平台、深化创新创业教育以及建立激励机制等多方面的努力，可以有效地培育具有创新精神和创业能力的高素质应用型人才，为乡村建设贡献力量。

第八章　乡村振兴背景下高职院校建筑设计类专业产教研创融合面临的挑战与未来展望

乡村振兴是当前中国经济发展的重要战略，高职建筑设计类专业在乡村振兴中扮演着重要角色。高职院校作为培养高素质技术技能型人才的重要基地，必须积极响应国家战略，推动产教研创融合，以更好地适应乡村振兴的发展需求。本章围绕产教研创融合的人才培养模式挑战与对策，以及未来发展前景与趋势展开探讨。

第一节　乡村振兴建筑设计类专业产教研创融合的人才培养模式面临的挑战与对策

在乡村振兴战略全面推进的背景下，高职院校的建筑设计类专业肩负着为乡村建设培养专业人才的重要使命。然而，当前高职院校在人才培养、教学资源和产教研创合作等方面仍面临诸多挑战，亟待通过系统性改革与创新加以解决。

一、优化人才培养模式

乡村振兴战略对建筑设计类人才提出了更高的要求，但当前高职院校的人才培养模式在一定程度上仍与乡村振兴的实际需求存在脱节现象。为解决这一问题，高职院校建筑设计类专业应积极与乡村振兴实践相结合，探索更贴合当地需求的人才培养方案。

高职院校可通过开设乡村振兴相关课程，引导学生深入了解乡村振兴的政策背景、实践案例和发展趋势，激发学生对乡村建设的兴趣和热情。同时，组织学生开展实地考察和实践活动，让他们走进乡村，亲身感受当地的风土人情，深入了解乡村振兴的现状与需求，从而培养他们对乡村建设的深刻理解和实际操作能力。这种融合理论与实践的教育模式，不仅有助于提升学生的综合素质和实践能力，还能为乡村振兴提供更具针对性的专业人才支持，推动乡村振兴工作的顺利开展。

二、拓展与优化教学资源

在信息化和技术快速发展的时代，高质量的教学资源对于学生的学习和成长至关重要。然而，当前高职院校的教学资源不足问题较为突出，制约了教学水平和教学质量的提升。为解决这一问题，高职院校需积极拓展教学资源，优化资源配置。

高职院校应加强与企业、地方政府的合作，通过资源共享的方式解决教学资源不足的问题。与企业合作可以引进先进的技术和管理经验，为学生提供更贴近实际应用的教学资源；与地方政府合作则可以获得更多的教学项目和资金支持，改善教学设备，提升学校的现代化水平。这种合作模式不仅有助于优化教学资源配置，还能促进校企合作和产教研创结合，为学生提供更广阔的发展空间。

此外，高职院校可以通过引进业界专家参与教学工作，进一步丰富教学资源。邀请业界专家来校授课或带领学生参与实践教学，能够为学生提供有很强专业性和实践性的教学内容，帮助他们更好地理解行业发展趋势和职业要求。同时，业界专家的参与也能激发学生的学习兴趣，提升他们的创新能力和实践能力，培养出更符合市场需求的专业人才。

通过与企业、地方政府的合作以及业界专家的参与，高职院校能够为学生提供更丰富、优质的教学资源，促进学生的全面发展和就业竞争力的提升。

三、完善产教研创合作机制

产教研创合作是推动科技创新和人才培养的重要途径，但在实际运行中，部分高职院校与企业、科研机构之间的合作机制仍不尽完善，限制了双方的深度合作和共同发展。为解决这一问题，高职院校应积极采取措施，完善产教研创合作机制。

高职院校应与企业、科研机构建立长期稳定的合作关系，通过签订合作协议、设立联合实验室等方式，共同开展产教研创项目。这种紧密的合作关系不仅能够为学生提供更多实践机会，还能促进科研成果的转化和应用，实现教育、科研与产业的良性互动。

同时，高职院校应加强与企业、科研机构之间的信息交流和资源共享。通过建立资源和信息共享平台，及时分享双方的需求和资源，从而更好地对接合作项目，提高合作效率。邀请企业和科研机构的专家参与学校的教学和科研工作，能够提升学校的教学质量和科研水平，促进学校与企业、科研机构的深度合作。

此外，高职院校还应加强对学生的产教研创实践教育，通过实践项目、实习实训等方式，让学生深入企业和科研机构，参与实际工作和科研项目。这不仅能提升学生的实践能力和创新意识，还能为他们未来的职业发展打下坚实基础。

通过建立长期稳定的合作关系、加强信息交流与资源共享以及注重学生的产教研创实践教育，高职院校能够有效解决产教研创合作机制不完善的问题，推动产教研创合作向更深入、更有效的方向发展。

在乡村振兴的背景下，高职院校建筑设计类专业面临着人才培养、教学资源和产教研创合作等方面的挑战。通过优化人才培养模式、拓展教学资源以及完善产教研创合作机制，高职院校能够更好地适应乡村振兴的需求，培养出更多高素质、创新型的专业人才，为乡村振兴事业提供有力支持。

第二节 乡村振兴建筑设计类专业产教研创融合的未来发展前景与趋势

随着城乡发展不平衡问题的日益突出，乡村振兴战略成为国家的重要战略部署。在乡村振兴战略全面推进的背景下，产教研创融合已成为高职院校的重要发展方向，建筑设计类专业在其中扮演着不可替代的重要角色。建筑设计类专业作为培养建筑设计师和规划师的关键学科，不仅肩负着培养专业人才的使命，更在乡村振兴中发挥着至关重要的作用。

一、建筑设计类专业在乡村振兴中的重要作用

建筑设计类专业通过深入了解乡村特有的环境、文化和社会需求，为乡村振兴项目提供专业的规划、设计和建设支持。从乡村规划到村庄更新改造、田园风貌建设，建筑设计类专业的师生能够凭借其丰富的专业知识和技能，为乡村振兴注入新的活力和希望。

在乡村规划方面，建筑设计类专业能够帮助确定乡村发展的整体方向和目标，合理规划土地利用，并提出可持续发展的建议。在村庄更新改造中，建筑设计类专业可以提供具体的设计方案，包括改善村庄建筑环境、居住条件、基础设施等。而在田园风貌建设方面，建筑设计类专业可以通过设计景观、公共空间和农业设施，保护和传承乡村的文化遗产，提升乡村的整体形象。

通过建筑设计类专业的支持，乡村振兴项目能够更好地与当地环境和文化相结合，实现可持续发展和社会效益的双赢。

二、建筑设计类专业在乡村社会可持续发展中的作用

建筑设计类专业的发展不仅仅关乎学生专业技能的培养,更关乎乡村社会可持续发展。通过产教研创融合,建筑设计类专业能够成为乡村振兴的有力推动者,助力乡村经济繁荣、生态宜居、社会和谐的可持续发展目标的实现。

在乡村振兴的进程中,建筑设计不再局限于简单的建筑物规划和设计,而是成为传承和创新乡村文化的重要媒介。建筑设计专业的学生可以通过深入挖掘乡村传统文化元素,将其融入建筑设计中,创造出融合当地特色和历史文化的作品。这些作品不仅是建筑,更是乡村文化的载体和传播者,展现了乡村独特的文化魅力。

通过建筑设计,可以将乡村的历史、民俗、传统工艺等元素融入建筑中,使建筑物成为一个体现乡村文化底蕴的载体。这种融合不仅可以使建筑更具地方特色,还可以为当地居民提供一个展示和传承文化的平台。同时,建筑设计还可以融入现代技术和理念,为乡村文化注入新的创新元素,使传统文化焕发出新的活力和魅力。

因此,建筑设计类专业在乡村振兴中不仅是设计建筑的实践者,更是传承和创新乡村文化的推动者。

三、未来展望

建筑设计类专业在产教研创融合中将在乡村振兴中发挥越来越重要的作用。通过专业知识和技能的传授、产教研创合作的推动以及文化传承创新的引领,建筑设计类专业将为乡村振兴提供强有力的支持,助力乡村振兴事业取得更加显著的成就。

在乡村振兴的背景下,高职院校的建筑设计类专业面临着新的历史机遇和挑战。通过产教研创融合,高职院校将为乡村振兴提供更有力的人才支持,推动乡村振兴事业不断向前发展。

第九章 结论与建议

第一节 研究结论

一、建筑设计类专业在乡村振兴中的作用与成效

在乡村振兴背景下,高职院校建筑设计类专业在推动专业建设、保护与传承文化等方面起着至关重要的作用。

高职院校建筑设计类专业为乡村振兴提供了创新型设计人才。这些人才既具备扎实的理论与实践基础;又具备发现问题与解决问题的实践能力,同时,学生的专业知识和实践技能也得到了增强。他们能够发现乡村振兴中建筑设计方面的问题并进行解决,为乡村振兴做出实际性的贡献。

高职院校建筑设计类专业推动了乡村建筑设计类专业的发展。尤其是更新教学内容、改进教学方法和手段等,提升了教育教学质量,使培养出的人才适应乡村振兴的发展需求,这是教育创新的表现。

高职院校建筑设计类专业的发展,促进了乡村传统文化与现代设计理念的融合发展。在专业教学中,教师鼓励学生深入乡村地区对传统文化进行调研,对乡村地域文化有了深入的理解,并运用到专业当中,起到了对传统文化保护与传承的作用。建筑设计类专业产教研创融合教学模式,带动了企业参与乡村建设和人才培养的积极性。同时,通过校企项目的合作等形式,学生可以直接参与到乡村建设项目中去。这锻炼了学生的实践能力，也为乡村振兴提供了新的设计理念，培养创新型设计人才。

总之，高职院校建筑设计类专业人才培养在乡村振兴中发挥着重要的作用，无论是人才培养、文化传承，还是设计创新等方面，都能够为乡村振兴的发展提供支持和帮助，通过不断的创新和实践，为乡村建设和乡村振兴贡献力量。

二、高职建筑设计类专业产教研创融合对人才培育的贡献

高职院校建筑设计类专业产教研创融合模式是对人才培养机制的一次重大改革。产教研创融合模式能够有效整合教学资源，搭建教学平台，为乡村振兴提供人才支持。

产教研创融合模式有效联结了教学资源与产业需求，提升了教学资源的针对性和应用性。通过校企合作，加强了理论与实践的结合，促进了理论与实践一体化教学，使学生能够在真实的项目实践中学习专业知识，提高了学习的积极性与知识的实用性。产教研创融合模式，培养了学生的创新精神和实践能力。教学、科研、产业以及创新创业教育一体化的教学，能够锻炼学生的解决问题能力、创新设计能力，为学生创新创业与乡村就业打下了良好的基础。

产教研创融合发展能够促进教学内容与教学方法的更新。通过学校与企业的合作，教师能够直接获取到乡村发展的最新动态，并融入教学中，确保教学内容的前沿性与科学性。

建筑设计类专业产教研创融合的发展，有利于培养教师的科研创新能力。参与企业乡村振兴的实际项目，为教师的科研提供平台和丰富的实践资源，使教师提升自身的实践能力和创新能力，并提升教学和科研能力。而教师的专业成长也能够直接影响到专业教学质量，进而激发学生的创新精神和学习兴趣，从而为乡村建设提供具有设计创新能力和实践能力的建筑设计人才，对促进乡村振兴发展有重要的作用。这些人才

能够将所学知识和技能运用于乡村建筑设计作品中，并为乡村振兴注入新的活力。

三、乡村振兴背景下建筑设计类专业产教研创融合的创新点

乡村振兴背景下高职院校建筑设计类专业人才的培养体现了产教研创融合发展的特征，包括专业教学内容、课程设置、师资队伍、教学平台、教学评价、教学方法及手段等方面的创新。通过这些创新的措施，有利于提升专业的教学质量，为乡村振兴的发展提供人才的支持和帮助。

本研究的创新点主要体现在以下几个方面。

第一，创新了建筑设计类专业课程教学内容。随着乡村振兴战略的深入实施，高职院校建筑设计类专业教学内容也面临着前所未有的挑战。在乡村振兴背景下，高职院校建筑设计类专业课程教学融合了科研、产业以及创新创业教育的内容，结合了乡村振兴的实际需求，将乡村建设、乡村规划相关实地项目、创新创业教育、教师科研及其成果相融合，并开设了相关课程。此外，还将乡村地域传统文化融入了教学中。学校在专业教学中开设了相关的课程，使教学内容与乡村振兴密切相关，培养的人才不仅能够将现代化的功能需求融入设计中，还能反映地域特色和文化内涵。此外，随着信息化的技术发展，还考虑到了乡村建设中的数字化设计，并融入专业教学中。通过这样，学生不仅能够学习到传统的设计理念和技术，还能够充分了解乡村的传统文化，有利于设计出符合乡村振兴的建筑设计作品。第二，改进了教学方法，提升了专业教学质量。乡村振兴的发展需要培养综合素质和能力较强的技术技能型人才。在高职院校建筑设计类专业产教研创融合教学中，使用了项目驱动教学法、案例解析教学法、工作坊模式推广、教研互动，赛学结合等教学手段。其中，通过项目和案例教学法，促使学生真正地接触到了乡村建筑实地项目。而教研互动，赛学结合推动了教学科研融合，促进了科研成

果应用与转化，培养了创新型设计人才。此外，虚拟现实（VR）与增强现实（AR）、数字平台助力、信息化教学手段、线上线下混合教学模式成为乡村振兴背景下建筑设计类专业教学的重要手段。通过信息化的教学手段，丰富了教学资源，建立了在线教学资源库，如民族建筑装饰设计课程，使学生能够随时随地学习，增强了学生的学习兴趣和积极性，提高了专业教学质量。

建立了乡村振兴背景下高职院校建筑设计类专业产教研创融合师资团队。如培育了熟悉地方乡村建筑文化的传承型设计师，引入了具备建筑设计实践经验的企业以及行业设计师，组建了乡村振兴建筑设计科研型专业教师团队，引进了创新创业教育经验丰富的建筑设计类专业师资。其中文化传承型设计师培养了乡村文化设计人才；而引入具有设计实践经验的企业及行业设计师，培养了乡村实践设计人才。

此外，还组建了科研型专业教师团队，丰富了教学资源，培养了创新设计人才。此外，引进具有创新创业经验的专业师资培养了学生具备创新创业能力的人才。

创新了教学评价机制。教学评价创新是不容忽视的重要环节。传统的教学往往只注重结果评价，而在乡村振兴的发展背景下，更注重学生的学习过程和创新能力、实践能力等方面的综合评价。因此，建立了多元化的评价内容和多方联动的评价主体，评价内容体现了产教研创融合发展，通过评价机制反馈教学，及时调整和优化了教学方法和教学内容，从而激发了学生的学习动力和创新潜能。

创建了高职院校建筑设计类专业产教研创融合的教学平台。平台的创建以校企合作为基础，融合了产业、教学、科研以及创新创业功能，并体现了乡村传统文化的发展需求，以适应乡村建设人才的培养。

四、乡村振兴背景下建筑设计类专业学生的实践能力评估

乡村振兴背景下，高职院校建筑设计类专业学生不仅要掌握专业知识和专业实践能力，还应具备创新意识和创新能力。

评估的目标是考查学生综合实践能力和解决实际问题的能力。如设计创新能力、团队合作能力、沟通协调能力等。在实践的评估过程中，要考虑学生在真实项目中的解决实际问题的能力，如能够独立完成具体的设计项目，并进行设计创新。

评估的内容包括但不限于设计方案、建筑模型制作、预算方案、项目报告等，以评估学生的知识掌握程度与解决问题的能力。

评估的方法要体现多样化，如形成性评价、自我评价和总结性评价等。其中形成性评价主要包括在学生课堂的表现，如讨论、日常作业并进行反馈，帮助学生得到改进和提升。此外，自评与互评是进行自我反思和培养批判性思维的过程，评估标准应当反映乡村建设的实际情况，同时包含地域文化、设计的创新性以及学生的项目参与度和实践能力。评估的实施应建立在开放的学习氛围中，鼓励学生创新，并为学生提供实地操作的机会，以提高他们的实践能力。而且，评估还需要及时反馈，并根据评价结果进行相应的调整。通过与学生的沟通，使学生明确自身的优势和不足，为未来的发展提供指导。

第二节 建议与实践启示

一、建议：优化建筑设计类专业教育与乡村振兴的对接机制

在乡村振兴战略实施背景下，高职院校建筑设计类专业应积极响应国家政策，将专业教育教学融入乡村建设当中，这意味着不仅要满足乡村发展需求，还要考虑如何将教育资源与乡村建设需求有效对接。主要从以下几个方面开展。

一是优化乡村振兴教育背景下的课程设置。在课程设置方面，要加强与乡村建设紧密对接，充分了解乡村振兴的发展需求，进行课程优化，如乡村民宿设计、传统民居改造设计、乡村规划设计等。且课程内容还应包括乡村地区的文化、习俗、环境、材料等方面的内容，以丰富课程教学内容，培养学生的综合能力和素质，引导学生的创新创业活动与乡村建设的紧密结合，促进学生全面发展。此外，要对乡村的实际情况进行充分调研和需求分析，让学生直接参与到乡村建筑设计项目实践中去。

二是加强校企合作，打造与乡村振兴发展相关的教育教学实践平台。通过平台的搭建，促进校企之间密切合作，并让学生以平台为学习载体，进行专业实践学习，如实习。同时，邀请企业有经验的设计师参与到教学当中去，提高学生的实际解决问题的能力。

三是高职院校建筑设计类专业产教研创融合发展机制构建，体现科研、教学、生产以及创新创业的融合发展。在教学中，将教师科研与成果转化作为重要的一部分，以丰富教学内容，培养学生创新精神；将教学与企业生产对接，采用项目化教学模式，提高学生的实践操作能力；将创新创业教育与专业教育相融合，提高学生的创业与就业能力；同时形成多方位育人协同机制，实现多方共赢，促进专业发展，提高人才培养质量。

四是加强教师队伍建设。将企业有经验的设计师、乡村文化传承导师、科研能力较强的设计师、创新创业导师以及双师型的专业教师组建为专业教学的师资队伍。通过丰富教师队伍的形式，提高专业教学质量，以培养适应乡村振兴需求的专业设计人才。

五是建立健全评价体系。要将乡村振兴的发展需求融入专业教学评价中，并作为评价的标准。在评价中要考虑产业、教学、科研、创新创业以及乡村文化保护与传承等方面的能力，并作为评价指标。此外，优化评价方式，由乡村、企业、政府以及学校等多方面组成多元化评价主体，以保障评价的公正性和科学性，确保教育的质量和效果能够适应乡村振兴的发展需求。

通过以上措施，可以优化建筑设计教育与乡村振兴的对接机制，以提升专业教学质量，促进专业人才的培养适应乡村振兴的发展需求。

二、实践启示：强化乡村建筑项目中的产教研创融合

在乡村振兴的发展背景下，强化乡村建筑设计类专业产教研创融合是教学改革与人才培养的需要，也是适应乡村振兴发展的必然选择。通过产教研创融合，能够加强学生的实践能力和创新精神。产教研创融合发展对专业起到了积极作用。尤其是产教研创融合能够促进理论与实践的结合，提高学生的综合素质。通过校企合作，学生可以参与到设计实地项目中，并将课堂的理论知识与实践相结合，从而锻炼学生的实践能力和创新思维。企业的参与，也为学生提供了实践机会，增强了学习的针对性和实用性。此外，通过产教研创融合发展，可以有效促进教育资源的有效整合，提高教育的针对性。

通过与乡村建设的相关企业建立合作关系，使教学内容和教学方法更加符合乡村建设的发展需求，提升教育的质量与效果。同时，通过产教研创的融合发展，可以促进乡村传统文化的传承发展。在专业教学中，将乡村地域特色文化作为教学内容的一部分，引导学生深入理解乡村文化，并在设计中能够将传统文化元素与现代设计理念相结合，创造出既具有地方特色，又具有现代理念的建筑设计作品，这是培养乡村文化传承与设计创新人才的关键，从而推动乡村文化的发展。另外，产教研创融合发展，也有利于推动乡村建设项目的创新性发展。通过将教师的科研成果与企业的实践项目和专业教学相融合，可以提高项目的科技含量，进而提升乡村的建设和发展水平。

综上所述，产教研创的融合发展是培养具有创新型设计人才的关键。

在此过程中，校企建立合作的长效机制，将产业、科研、教学以及创新创业多方面结合，与此同时，教学实践平台加强教师与企业流动，共同提高专业发展质量。

三、建议：提升建筑设计类专业师资的乡村实践教学能力

乡村振兴背景下，高职院校建筑设计类专业师资能力提升可以从以下几个方面进行开展。

首先，要积极建立激励机制，鼓励教师下乡参与乡村实践。由于下乡进行教学实践，环境等各方面的条件是一个考验，学校应给予一定的激励机制。在物质方面，要给予下乡承担实践及教学任务的教师进行奖励和补贴。在精神方面，要承认教师下乡实践的成果，并在评职称和晋升方面进行认可。其次，要提升乡村的实践教学基地功能。在实训基地建设上，应加强校企合作，建立乡村实践教学基地，有利于教师深入了解乡村建设所面临的问题，并解决问题，为教师参与乡村建设创造条件。此外，鼓励教师下乡进行设计服务，如乡村规划设计、民宿设计等，这有利于将实践活动转化为教学资源。同时，可以为教师建立实践档案，并记录其实践的参与情况，以及所取得的成果及相关实践的问题。这也有利于为今后的教学和研究提供启示。除此之外，要加强教师相关实践能力的培训。如定期开设实践能力培训的课程或工作坊，并邀请有丰富的乡村实践经验建设专家进行授课，帮助教师掌握乡村建设的实际操作和设计要点，提升其建设乡村的实践能力。最后，要建立校企合作交流平台。可以通过平台定期开展教师与企业的交流活动，让教师深入了解乡村发展状况和需求，并要求企业人员参与交流，以促进教师与企业的合作。

通过以上方式，不仅可以提升专业教师的乡村实践教学能力，还能助力乡村振兴高职院校建筑设计类专业提高教学质量，促进教育资源的有效对接，提升人才培养质量，满足乡村振兴的发展需求。

四、实践启示：构建基于乡村振兴产教研创融合导向的建筑设计课程体系

构建以乡村振兴需求为导向的建筑设计课程体系，需要与乡村产业、科研以及创新创业教育相融合，以适应乡村振兴发展对人才的需求。课程设置应建立在校企合作的基础上，通过与建筑设计企业、研究机构等合作引入乡村建设项目，让学生在实际项目中学习和实践，以提升其实际问题的解决能力。同时，要将科研成果和创新创业教育融入课程设置，丰富教学资源，培养创新型设计人才，增强学生的创新能力和就业能力，促进教学质量的提升。此外，乡村地域文化也是专业课程教学中不可或缺的一部分，乡村振兴的发展要包括对乡村地域文化的保护与传承，课程体系也应考虑这些方面，以确保建筑设计类专业教学内容与乡村建设的多元需求相匹配。因此，要将乡村地域文化融入专业课程中，并开设乡村建筑文化特色课程，如乡村建筑模型制作、乡村传统建筑文化调研与考察等课程。

五、建议：加大对乡村振兴项目中建筑设计人才的培养投入力度

乡村振兴战略背景下，高职院校建筑设计类人才的培养，面临着较大的挑战和机遇。为了更好地服务于乡村振兴建设，要加大对乡村振兴项目中建筑设计人才的培养投入力度。

在课程建设方面，要强化与乡村建设相关的课程教学。课程设置应涵盖乡村建设的相关基础知识、地方特色的建筑风貌保护与文化传承等内容，以此来加强学生对乡村建筑的设计能力和综合素质。同时，要提升教师服务乡村建设的能力，并建立与企业的合作关系，共同开发与乡村振兴相关的实践课程与项目，提升教师在乡村建筑实践项目中的能力，让学生有机会参与到真实的乡村建筑设计项目当中，加大实践教学的比重,通过这种项目式的教学,增加学生的实践机会。与此同时,也可以给予学生相应的奖励,提高学生的参与积极性。此外,要加强创新创业教育,培养学生的创新精神和创业能力。在专业教学中,鼓励学生以乡村建设发展为重点,通过开展创新创业的设计竞赛、创新创业训练等活动,引导学生为乡村提供更多的创新性设计方案并提升解决问题的能力。

第三节 研究局限与未来研究方向

一、研究局限:乡村振兴背景下建筑设计类专业人才培养面临的现实挑战

在乡村振兴的发展背景下,高职院校建筑设计类专业人才的培养面临着挑战。其主要表现为:首先,乡村振兴的发展需求与建筑设计类人才的供给存在一定的错位现象。当前乡村建设需要大量的创新性设计人才,而现实中人才培养与产业的发展之间依然存在着脱节,造成人才供给不平衡。而且,在实践教育中,乡村建设的相关项目有限,导致对接不顺畅。学生很难有大量的真实项目进行实践学习,从而限制了学生的实践与创新能力的培养。同时,乡村建设的教学实践平台有限,难以满足教学的需求。其次,企业参与教学的积极性不高,校企合作与产教研创融合度不高,影响了专业教学质量和人才培养质量。而在人才培养中,企业起着重要的作用,能够为学生提供实习和就业机会,学生可以通过实地项目进行实践学习。但校企合作不足、学生实习机会不够,实践项目参与度不高,导致学生缺乏真实的工作经验和行业的真实挑战磨炼,影响了学生将理论知识与实践相结合。另外,还表现为师资队伍组建存在困难。由于资金和激励制度方面受到约束,各方利益没有得到保障,

影响了产教研创融合的师资队伍的组建。在教学中，企业、行业等各方面的参与积极性不高，这在一定程度上造成了教学资源的整合困难，教学设施也受到了影响，使乡村振兴背景下建筑设计类专业人才的培养质量受到了影响。此外，在当前的研究和实践中，高职院校建筑设计类专业依然存在着实践教学不足的情况。而实践教学是提高学生理论与实践操作相结合能力的重要环节，是提高学生综合能力的重要途径。然而，在当前的教学中，实践教学的覆盖面不足，主要体现在以下这些方面：一是教学资源的配置不足。在教学中，因为校企合作缺乏深度，教学资源设施设备的不足，很难为学生提供充足的实践机会；二是实践教学与产业需求的对接不够精准，实践教学内容与实际工作要求之间仍然存在一定的差距，导致培养的学生在创业与就业竞争力不足；三是教师个人的实践教学能力存在不足。由于部分教师的实践经验有限，对乡村振兴发展了解不够全面，限制了其在实践教学方面的引领作用，很难满足学生实践教学的多元化和个性化的发展需求。另外，还表现为教师的科研成果转化与实际落地较为困难。

针对上述问题，在乡村振兴背景下，高职院校建筑设计类专业的发展还需进一步优化和改革。这需要加强校企之间的合作深度，优化和整合教学资源。同时，应加强科研成果的转化与应用，并积极推动校企合作、课程优化以及实践教学的开展。此外，还需要建立完善的产教研创融合机制，明确各自的功能定位和工作机制，确保各环节之间有效衔接，提高实践教学的质量，提升学生的实践能力与就业竞争力，以更好地服务于乡村振兴的发展需求。

高职院校建筑设计类专业的人才培养与校企合作、师资队伍建设、项目教学资源整合、教学平台功能等息息相关。因此，要加快校企合作步伐，加强合作，积极引进乡村实地项目、促进产教研创融合的师资队伍的聚集和教学资源的整合，从而为乡村振兴的发展提供人才支持。

二、未来研究方向：探索建筑设计教育在乡村振兴中的新路径

在乡村振兴的发展背景下，产教研创融合发展是高职院校建筑设计类专业教育改革的必要路径，也是对乡村建设需求的有效回应。乡村振兴背景下高职院校建筑设计专业在未来的发展中，需要在数字化技术和智能化的应用、乡村本土文化传承与发展、产教研创融合、校企深化合作等方面进行深入的探索与实践，为乡村振兴的发展提供新路径。

一是要关注产教研创融合的深度与广度。尤其是探讨高职院校建筑设计类专业应如何与乡村建设相关企业进行合作，如共同开设课程、共享资源与建设等，并能够得到相应的政策支持和保障。同时，将实地项目引入课堂，让教学与产业紧密结合，让学生的实践能力在实际项目中获得提高。还可以增强学生的创新意识和解决问题的能力，促进产教研创的融合发展，为乡村建设培养出更多的创新型设计人才。二是可以传承与创新乡村建筑文化为发展方向。在乡村建设中，保护传统文化与开发新的建设模式也很重要。在高职院校建筑设计类专业的教学中，应将乡村传统文化与现代设计理念融入教学内容，以此形成具有地域特色的文化。在设计中，引导学生了解本土文化，融入乡村元素，促进乡村文化的传承与发展，设计出有地域特色的乡村建筑作品。三是可以探索外国文化与本土文化的有机融合的路径。在乡村振兴背景下，高职院校建筑设计类专业还应注重与国际先进设计理念和教育模式的结合。这样做可以开阔学生的视野，促进外国文化与本土文化的融合，从而提高乡村建筑的设计水平。在教学中，引入国际优秀教学案例，可以进行跨国学术研讨和实地考察，促进中外之间的交流与学习。四是可以引入数字化与人工智能技术。随着科技的不断发展，数字化和人工智能为建筑设计类专业的发展带来了较多的挑战和机遇，在 VR/AR 等先进技术的背景下，建筑设计类专业教学也可以紧跟时代的步伐，加强数字化的应用，

提高专业教学质量。除此之外，还可以加强产教研创合作与成果转化。在乡村振兴的背景下，高职院校建筑设计类专业将推行产教研创融合的发展模式。通过校企合作，实施项目化教学，促进科技成果的转化与应用，从而为乡村振兴提供有力的支撑。

三、研究局限：对乡村振兴背景下建筑设计类专业毕业生发展跟踪不足

在乡村振兴的发展背景下，高职院校建筑设计类专业的产教研创融合的发展是培养乡村建设设计人才的重要途径。然而，当前研究和教学中，对专业毕业生的发展跟踪存在不足，在一定程度上，影响了人才培养质量的可持续性提高。这主要表现为：缺乏毕业生的跟踪评价系统，缺乏对毕业生在乡村振兴实践中的长期跟踪和系统评价。这造成对毕业生在乡村建设实际项目的参与、创新能力的应用、专业知识的运用等方面信息的缺失，难以全面评估专业教育对毕业生个人职业的发展和乡村建设实际需求的影响。其次是追踪的持续性和深度不够。在当前的研究中主要体现在教学内容、教学方法、课程设置等方面，而对毕业生在乡村振兴的后续职业发展、创新成果转化等关键环节的长期和持续跟踪不够，这导致毕业生和乡村建设很难建立长久有效的合作机制。这影响了对教育成果的深入了解，不利于乡村建设人才的培养。此外，对毕业生就业追踪的全面性和系统性不足。在当前的研究中，缺乏对毕业生系统的评价和跟踪。如毕业生在乡村就业发展中，其专业能力的适应性、技术技能的应用效果等方面，缺乏深入的分析，这限制了对建筑设计类专业毕业生在乡村振兴发展中的全面认识。

针对以上问题，应建立系统的、持续性的毕业生跟踪系统，掌握毕业生在乡村振兴发展中的动态，并根据现状及时调整教学策略和教学内容。以实现建筑设计类专业人才的培养与乡村建设需求的精准对接，促进建筑设计类专业的可持续发展。

四、未来研究方向：乡村振兴战略对建筑设计类专业毕业生职业发展的影响

乡村振兴的发展战略对建筑设计类专业毕业生来说，既是挑战，也是机遇。当前，乡村建设的快速发展为建筑设计类专业的毕业生提供了更多的职业选择。尤其是在发展较慢的乡村地区，其发展趋势也逐渐向好。在乡村振兴的背景下，建筑设计类专业培养的人才不仅需要掌握设计技能，还需要掌握现代化的设计理念，以及可持续设计等方面的知识。然而，乡村建设同样需要能够保护和传承乡村文化的人才，以促进当地建筑与环境的和谐共生。这要求高职院校建筑设计类专业的毕业生在专业方面能够对本土文化有一定的了解，并具备对设计项目有一定的综合协调能力。未来，为响应乡村振兴战略，对建筑设计类专业毕业生的培养，可以从以下几个方面着手。

首先，应积极培养学生的设计实践能力。要积极通过校企合作，建立实训实习平台，加强对学生的实践能力的培养，使学生能够适应乡村建设多元化的需求，为乡村建筑设计提供支持。在人才培养中，要建立多元化的评价体系，包括设计创新能力、团队协作能力等方面。其次，积极搭建校企合作平台、校友网络等职业发展平台，可以为毕业生提供更多的就业机会和继续学习的机会。最后，应建立毕业生发展跟踪反馈系统，要对建筑设计类专业毕业生及时跟踪，并建立及时反馈的机制，了解毕业生在乡村建设项目中的工作表现和职业发展状态，并提供相应的指导和支持。

通过上述措施，可以提升高职院校建筑设计类专业毕业生的职业竞争力，促进乡村振兴的发展，也可以为建筑设计类专业的教育改革和发展提供经验借鉴和实践依据。

参考文献

[1] 袁金辉. 推动多元力量参与乡村振兴 [J]. 中国党政干部论坛, 2018（10）：65-68.

[2] 尚建华. 乡村振兴 人才为先 [J]. 中国人力资源社会保障, 2021（10）：9-10.

[3] 周晓光. 实施乡村振兴战略的人才瓶颈及对策建议 [J]. 世界农业, 2019（04）：32-37.

[4] 解涛. 高校服务乡村振兴的知识溢出实现路径与政策建议 [J]. 农业现代化研究, 2019, 40（03）：478-487.

[5] 劳赐铭. 职业教育服务乡村振兴产业人才培养的需求、困境与策略 [J]. 职业技术教育, 2022, 43（10）：59-65.

[6] 蒙良柱, 张光武, 谢梅俏, 等. 乡村振兴战略背景下专业群人才培养模式研究 [J]. 家具与室内装饰, 2020（09）：126-127.

[7] 李芳. 乡村振兴下益阳高职教育与乡土人才培育的耦合：以建筑室内设计为例 [J]. 轻纺工业与技术, 2019, 48（09）：115-116.

[8] 彭莉妮. 高职"乡村营建"人才培养实践研究：以湖南城建职业技术学院建筑设计技术专业群为例 [J]. 科教文汇, 2021（12）：123-126.

[9] 李家瑞. 乡村振兴视角下的高职院校建筑室内专业的"三教"改革探索 [J]. 安徽建筑, 2021, 28（12）：117, 119.

[10] 姜乃煊, 倪琪, 侯兆铭. 乡村振兴背景下的融入式建筑教学实践探索 [J]. 高教学刊, 2020（24）：82-85.

[11] 张思英, 余翰武, 郭俊明. 乡村振兴背景下建筑课程设计教学探讨: 以"乡村博览建筑课程设计"为例 [J]. 当代教育理论与实践, 2019, 11 (03): 51-55.

[12] 胡思斯, 刘佳, 燕宁娜. 乡村振兴背景下建筑课程设计教学探讨: 以"装配式绿色宜居农宅"为例 [J]. 城市建筑, 2021, 18 (34): 36-38, 65.

[13] 柳建华. 乡村振兴战略背景下的高职环境艺术设计专业人才培养 [J]. 蚌埠学院学报, 2019, 8 (05): 95-99.

[14] 张金明. 基于乡村振兴需求的建筑设计教学实践与思考: 以广东石油化工学院"工作室"建筑设计教学课程为例 [J]. 天工, 2019 (08): 64-65.

[15] 董春雷, 郑绍江, 甘昌涛. 乡村振兴战略下设计类专业实践教学体系的构建 [J]. 西南林业大学学报 (社会科学), 2020, 4 (02): 93-96.

[16] 丁少平, 陶伦, 姚元伟. 项目制、导师制与工作室制三位一体的乡村振兴创意人才培养模式 [J]. 实验室研究与探索, 2020, 39 (05): 252-255.

[17] 苟寒梅, 吕念南, 吴沛璆. 建筑类职业院校产教融合的探索与实践 [J]. 职教论坛. 2020, 36 (09): 122-127.

[18] 谢明, 张美亮. 基于产教融合下的多元化教学探索: 以建筑设计课程为例 [J]. 城市建筑, 2021, 18 (34): 125-127.

[19] 楼森宇, 郭冬梅. 基于"产教共同体"的校企联动式教学路径研究 [J]. 家具与室内装饰, 2020 (07): 123-125.

[20] 中华人民共和国中央人民政府. 中共中央 国务院关于实施乡村振兴战略的意见 [EB/OL]. 2018－01－02 [2022－11－10]. https://www.gov.cn/gongbao/content/2018/content_5266232.htm.

[21] 中华人民共和国中央人民政府. 中共中央 国务院印发关于做好2022年全面推进乡村振兴重点工作的意见 [EB/OL]. 2022-02-22 [2024-05-31]. http://www.gov.cn/zhengce/2022-02/22/content_5675035.htm.

[22] 中华人民共和国中央人民政府. 中共中央办公厅 国务院办公厅印发《关于加快推进乡村人才振兴的意见》[EB/OL]. 2021-02-23 [2024-05-31]. https://www.gov.cn/gongbao/content/2021/content_5591402.htm.

[23] 中华人民共和国中央人民政府. 农业农村部 国家发展改革委 教育部 科技部 财政部 人力资源和社会保障部 自然资源部 退役军人事务部 银保监会关于深入实施农村创新 创业带头人培育行动的意见 [EB/OL]. 2020-06-13 [2024-05-31]. https://www.gov.cn/zhengce/zhengceku/2020-06/17/content_5519976.htm.

[24] 王屹, 王立高. 民族文化传承人才培养的探索与实践: 以广西中职民族文化传承示范特色项目建设为例 [J]. 职业技术教育, 2017, 38 (6): 62-66.

[25] 刘奉越. 乡村振兴下职业教育与农村"空心化"治理的耦合 [J]. 国家教育行政学院学报, 2018 (7): 40-46.

[26] 郝振萍, 郭延乐, 宰学明, 等. 乡村振兴战略背景下双创型"新农人"培养体系 [J]. 江苏农业科学, 2022, 50 (4): 226-231.

[27] 涂三广, 王浙. 我国职业教育服务乡村振兴模式及特征: 基于职业院校233个乡村振兴案例的研究 [J]. 中国职业技术教育, 2022 (10): 19-25.

[28] 李悦, 王振伟. 高职学生创新创业助推乡村振兴的实现机制探索 [J]. 教育与职业, 2019 (6): 52-55.

[29] 张慧青, 邵文琪. 乡村振兴背景下职业教育人才培养: 模式构

建与路径选择[J].中国职业技术教育,2021,(22):81-86.

[30] 季海祺.乡村振兴视域下高职设计类专业人才培养模式研究[J].职业教育(下旬刊),2022,21(6):69-74.

[31] 王克林.基于产教研创一体的高职教师培训方案设计[J].成都航空职业技术学院学报,2014,30(01):65-68.

[32] 张翠华,李晓志.乡村振兴背景下高校艺术设计专业创新创业人才培养模式研究[J].设计,2023,36(18):121-123.DOI:10.20055/j.cnki.1003-0069.001115.

[33] 刘健.基于乡村振兴服务设计的人才培养研究与实践[J].世界教育信息,2018,31(21):37-38.